城市园林绿化苗圃规划设计

——以黑龙江省哈尔滨市种苗科研示范基地为例

王希群　巩智民　郭保香　等编著

U0351547

中国林业出版社

China Forestry Publishing House

图书在版编目(CIP)数据

城市园林绿化苗圃规划设计／王希群，巩智民，郭保香编著. —北京：中国林业出版社，2018.9
ISBN 978-7-5038-9742-9

Ⅰ. ①城⋯　Ⅱ. ①王⋯ ②巩⋯ ③郭⋯　Ⅲ. ①城市景观 – 苗圃 – 园林设计　Ⅳ. ①TU – 856 ②TU986. 2 ③S723

中国版本图书馆 CIP 数据核字(2018)第 216833 号

中国林业出版社
责任编辑：李　顺　薛瑞琦
出版咨询：(010)83143569

出版：中国林业出版社(100009 北京西城区德内大街刘海胡同 7 号)
网站：http：//lycb. forestry. gov. cn
印刷：固安县京平诚乾印刷有限公司
发行：中国林业出版社
电话：(010)83143500
版次：2018 年 11 月第 1 版
印次：2018 年 11 月第 1 次
开本：710mm × 1000mm　1/16
印张：4.5　彩插　2
字数：150 千字
定价：58.00 元

《城市园林绿化苗圃规划设计》主要编著者

王希群　中国林业科学研究院

巩智民　国家林业和草原局林产工业规划设计院

郭保香　国家林业和草原局林产工业规划设计院

米泉龄　国家林业和草原局林产工业规划设计院

张新先　国家林业和草原局林产工业规划设计院

陈　晖　国家林业和草原局林产工业规划设计院

王立华　国家林业和草原局林产工业规划设计院

陈　磊　国家林业和草原局林产工业规划设计院

史哲瑜　国家林业和草原局林产工业规划设计院

郑　鑫　国家林业和草原局林产工业规划设计院

王桂君　国家林业和草原局林产工业规划设计院

白婷婷　国家林业和草原局林产工业规划设计院

杨至瑜　国家林业和草原局林产工业规划设计院

黄晓艳　国家林业和草原局林产工业规划设计院

前　言

城市园林绿化苗圃是是城市绿地系统的重要组成部分，是城市园林绿化建设中最基本的基础设施，直接影响着城市园林绿化的发展方向和园林绿化的质量。

黑龙江省哈尔滨及附近地区历史上曾是一片巨大的湿地，地理和自然条件十分特殊，城市园林绿化对绿化材料的要求十分苛刻。东北林业大学植物学科奠基人、森林植物生态学教育部重点实验室学术委员会主任、著名植物学家聂绍荃(1933－2014年)先生曾对哈尔滨及附近地区的园林绿化进行过深入研究，提出哈尔滨及附近地区园林绿化的两个"本地"原则：园林绿化材料来源的本地化、园林绿化植物生产的本地化。但是，由于城市化的加快，原来城市周边的苗圃随着城市的建设而减少或逐渐消失，聂绍荃先生提出哈尔滨及附近地区城市园林绿化的两个"本地"原则面临着巨大挑战。

由于园林植物生产的特殊性，在我国尤其是北方，由南向北引入的苗木只要纬度偏大则普遍生长不良，而由北向南引入的苗木表现则完全相反。考虑到育苗成本和交通便利等，现在大多数地区都是从本地以南引入苗木，造成苗木成活率低、生长不佳和景观效果差等问题，解决这个问题的根本途径就是落实聂绍荃先生提出哈尔滨及附近地区城市园林绿化的两个"本地"原则，即在城市周围建立满足本地城市园林绿化的大型或中型苗圃，也是哈尔滨及附近地区城市园林绿化的希望所在。

2012年哈尔滨市政府提出"整合现有市属苗圃、花圃等资源，加大对丁香等苗木的培育力度，增强绿化苗木的生产供应能力和战略储备能力，为城乡绿化长远发展提供稳定保障"的总体部署，根据哈尔滨市城市总体规划，哈尔滨市政府做出"整合现有市属苗圃、花圃等资源，建设市级苗木生产基地"的决定，并征集《黑龙江省哈尔滨市种苗科研示范基地》建设方案。哈尔滨市种苗科研示范基地是新世纪以来国内新建的最大的城市园林绿化苗圃基地，规模达到260多公顷，《城市园林绿化苗圃规划设计》就是由国家林业局(现国家林业和草原局)林产工业规划设计院规划组所做的征集方案之一。

城市园林绿化苗圃规划设计对理论技术、实践经验要求都很高，为了做好这个城市园林苗圃规划设计，国家林业局林产工业规划设计院组织具有长期从事林木种苗工作和苗圃设计工作的技术人员，深入哈尔滨及附近地区苗木生产基地进行调研，同时对现场进行测量和土

1

壤、病虫调查。在此基础上开展规划设计，设计吸取了聂绍荃先生关于建立城市园林绿化的思想以及北方国家级林木种苗示范基地和黑龙江省林木种苗示范基地规划设计的成果及其在建设和使用中的改进和优化，使设计成果在全国具有先进性，努力把基地建设哈尔滨市的园林苗木生产中心、科学研究中心、园林植物景观中心、科普示范中心和市民休闲观光中心，最后形成了《城市园林绿化苗圃规划设计》。现《城市园林绿化苗圃规划设计》已成为全国各地尤其是东北地区生产、教学、科研单位参考的一个范本。

需要指出的是，由于城市园林绿化苗圃受地域性、时限性影响很大，同时要考虑所在地的自然和社会条件以及城市绿化状况，《城市园林绿化苗圃规划设计》只能作为城市园林绿化苗圃规划设计时的一个参考。

王希群于中国林业科学研究院

2018 年 1 月

目　录

第1章 总 论

1.1 项目提要

1.1.1 项目名称

哈尔滨市种苗科研示范基地建设项目

1.1.2 建设单位

哈尔滨市城市管理局

哈尔滨市城市绿化办公室

1.1.3 项目性质

新建项目

1.1.4 项目建设目标

利用现代化技术与设备,充分吸收国内外先进科学技术、经营理念和管理经营模式,把种苗科研示范基地建成一个具有现代化技术水平的高科技产业型园林绿化苗木培育基地,为哈尔滨的城市绿化美化做出显著贡献。

1.1.5 项目建设规模及主要建设内容

1. 项目建设规模

种苗基地总用地面积 262.82 hm²,其中生产性用地面积 222.12 hm²,非生产性用地面积 40.70 hm²。

按功能划分,科研管理与设施育苗区 6.50 hm²,大田优质苗木培育区 215.55 hm²,丁香与珍贵树种培育展示区 7.33 hm²,水生植物与科普体验区 21.85 hm²,科学试验区 11.60 hm²。

2. 主要建设内容

土建总面积 7397.95 m²，其中科研楼 3872.55 m²、员工宿舍和食堂 1650.55 m²、机具库 625.00 m²、锅炉房 608.85 m²、变电站 196.00 m²、消防泵房 15.00 m²、管护站房 400 m²、传达室 30 m²；

购置 1 栋全自动化中央控制育苗温室（22330.6 m²）及配套设施、组培室 1253.50 m²，基质生产车间 1191.60 m²，配备一套轻基质网袋容器育苗生产线及其辅助设备、练苗场 16661 m²；

道路交通：修建道路系统总长 27977 m，水泥砼结构路面。其中：干道长度 5111 m，支道长度 12901 m，环路长度 9452 m，基地科研管理与设施育苗区道路 513 m；修建科研管理与设施育苗区停车场 5104 m²、园区入口生态停车场 3000 m²；

修建大田排灌系统，灌溉渠 U 型槽总长 13658 m，输水管长 1193 m，过路钢套管长 831 m；挖排水沟 38317 m，其中：排水总沟 9211 m，排水明沟 29106 m，过路钢套管 754 m；修雨水管 3754 m；打机井 12 眼，挖晒水池 2 处。科研管理与设施育苗区修建消防水泵 1 座，购置消防设备 1 套、给排水管线系统 1 套；

修建变配电房 196.00 m²，配备变压器，铺设室内外电气系统；安装视频安防监控系统；

修建锅炉房 608.85 m²，购置 2 台 4 t 锅炉，室外采暖管线 2.5 km；

修建主防护林带长度 8689 m，面积 19.07 hm²，基地绿化美化 11650 m²；

购置垃圾转运车 1 辆，垃圾箱 20 个，标识系统 100 个；

修建铁艺围栏 8689 m；设置出入口门 5 个，主入口 1 个，4 个次入口。

购置组培仪器设备、科研实验与办公设备若干；

购置运输工具及大田生产机具若干。

1.2 设计依据

1.2.1 征集任务书

《哈尔滨市永和种苗科研示范基地和哈尔滨市北方花木科研园区设计方案——征集任务书》（哈尔滨市城市管理局、市城市绿化办公室，2013 年 10 月 25 日）。

1.2.2 法律法规

——《中华人民共和国城乡规划法》（2008 年）；

——《中华人民共和国环境保护法》（1989 年）；

——《中华人民共和国土地管理法》（2004 年）；

——《中华人民共和国水法》(2002 年);

——《中华人民共和国环境噪声污染防治条例》(1989 年);

——《哈尔滨市城市绿化条例》(2004 年);

——《国土资源部 农业部关于完善设施农用地管理有关问题的通知》(2010 年)。

1.2.3 国家、行业标准(办法)

——《公路工程技术标准》(JTGB01 - 2003);

——《土地利用现状分类》(GB/T21010 - 2007);

——《温室控制系统设计规范》(JB/T10306 - 2001);

——《温室通风降温设计规范》(GB/T 18621 - 2002);

——《温室结构设计荷载》(GB/T 18622 - 2002);

——《日光温室和塑料大棚结构与性能要求》(JB/T 10594 - 2006);

——《寒地节能日光温室建造规程》(JB/T 10595 - 2006);

——《连栋温室结构》(JB/T 10288 - 2001);

——《林业苗圃工程设计规范》(LY1128 - 92);

——《城市园林苗圃育苗技术规程》(CJ/T 23 - 1999);

——《城市绿化和园林绿地用植物材料木本苗》(CJ/T24—1999);

——《林木种苗工程项目建设标准》(2004);

——《容器育苗技术》(LY/T 10000 - 1991);

——《常用苗木产品主要规格质量标准》(CJ/T34 - 91);

——《林木组织培养育苗技术规程》(LY/T 1882 - 2010);

——《花卉种苗组培快繁技术规程》(NY/T 2306 - 2013);

——《主要造林树种苗木质量分级》(GB 6000 - 1999);

——《哈尔滨市城市园林植物病虫害防治办法》(哈尔滨市人民政府, 2007);

——《花卉标准汇编(第 2 版)》(中国标准出版社, 2008);

——《民用建筑设计通则》(GB50352 - 2005);

——《宿舍建筑设计规范》(JGJ36 - 2005);

——《饮食建筑设计规范》(JGJ64 - 89);

——《办公建筑设计规范》(JGJ67 - 2006);

——《方便残疾人使用的城市道路和建筑物设计规范》(JGJ50 - 2001);

——《建筑设计防火规范》(GB50016 - 2006);

——《公共建筑节能设计标准》(GB50189 - 2005);

——《建筑工程建筑面积计算规范》(GB/T50353 - 2005);

——《建筑结构可靠度设计统一标准》GB50068 - 2001);

——《建筑抗震设防分类标准》（GB50223 – 95）；

——《建筑结构荷载规范》（GB50009 – 2012）；

——《建筑抗震设计规范》（GB50011 – 2010）；

——《混凝土结构设计规范》（GB50010 – 2002）；

——《砌体结构设计规范》（GB50003 – 2001）；

——《建筑地基基础设计规范》（GB50007 – 2002）；

——《建筑地基处理技术规范》（JGJ79 – 2002）；

——《室外给水设计规范》（GB50013 – 2006）；

——《室外排水设计规范》（GB50014 – 2006）；

——《建筑给水排水设计规范》（GB50015 – 2003）；

——《建筑中水设计规范》（GB50336 – 2002）；

——《建筑灭火器配置设计规范》（GB50140 – 2005）；

——《民用建筑太阳能热水系统应用技术规范》（GB50364 – 2005）；

——《采暖通风与空气调节设计规范》（GB50019 – 2003）；

——《水源热泵系统工程设计规范》（GB50366 – 2005）；

——《建筑工程设计文件编制深度规定》；

——《民用建筑电气设计规范》（JGJ/16 – 2008）；

——《建筑照明设计标准》（GB50034 – 2004）；

——《供配电系统设计规范》（GB50052 – 2009）；

——《低压配电设计规范》（GB50054 – 95）；

——《通用用电设备配电设计规范》（GB50055 – 93）；

——《建筑物防雷设计规范》（GB 50057 – 2010）；

——《有线电视系统工程技术规范》（GB50200 – 94）；

——《综合布线系统工程设计规范》（GB50311 – 2007）；

——《火灾自动报警设计规范》（GB50116 – 98）；

——《建筑物电子信息系统防雷技术规范》GB50343 – 2004）；

——《10kV 及以下变电所设计规范》（GB50053 – 94）。

1.2.4 政策规范

——《哈尔滨市国民经济和社会发展第十二个五年规划纲要》（哈尔滨市人民政府，2011）；

——《深入贯彻落实党的十八大精神为实现哈尔滨科学发展新跨越不懈奋斗——林铎同志在市委十三届四次全体（扩大）会议上的报告》（2012）；

——《哈尔滨市创建国家园林城市 2007 年园林绿化工作实施方案》（哈尔滨市人民政

府，2007）；

  ——《哈尔滨市园林绿化管理条例》（哈尔滨市人民政府，2007）；

  ——《哈尔滨市园林绿化工程质量监督管理暂行办法》（2009）；

  ——《哈尔滨市城区园林绿化工程建管交接办法》（2010）。

1.2.5　其他参考资料

  ——《北方国家级林木种苗示范基地》（北京市园林绿化局，1999）；

  ——《黑龙江省级林木种苗示范基地建设》（黑龙江省林业厅，2000）；

  ——《北京市园林绿化地方标准汇编（上、下册）》（北京市园林绿化局，2008）。

1.3　设计理念

建设种苗基地　服务哈市发展

打造美丽冰城　实现持续发展

1.4　功能定位

  以培育生产优质苗木，不断满足城市园林绿化公益性需要为目标，全力打造集苗木生产、科研、科普为一体的现代化城市多功能苗木生产基地。

  ——立足服务于哈尔滨城市建设与发展，成为哈尔滨乃至东北最大的优质园林绿化苗木供应基地；

  ——集培育、研发、科普体验一体的现代化花园式园林绿化苗木示范基地；

  ——国家花卉工程技术研究中心丁香花研发与推广中心（推广）；

  ——生态文明教育的模范科普场所。

1.5　设计指导思想及原则

1.5.1　设计指导思想

  紧紧围绕满足哈尔滨城市发展和园林绿化对高质量苗木需求这一导向，走高起点、高标准、高科技、高效益的发展道路，采用先进的科学技术和适用的生产工艺及设备，运用现代科学管理技术，使苗木生产达到优质、高产、高效的目标；大力开展研究、推广和开发工作，提高基地规模化、集约化、标准化和产业化建设水平，建设有特色、有规模、有档次、有效益的现代化园林绿化苗木基地，为建设美丽冰城哈尔滨提供优质种苗和技术支撑。

1.5.2 设计原则

——突出重点。把满足哈尔滨城市发展需求高质量园林绿化苗木生产为重点，且与科研开发、示范推广与科普认知相结合。

——特色鲜明。以本地园林绿化苗木为主，以科技为先导，采用科技含量高且实用的工艺和设备与提高常规育苗工艺相结合的原则，配备现代化实验设备、设施，开展园林绿化新品种研发试验，重点开展工厂化育苗、可降解网袋育苗、无土栽培等关键技术的试验和产业化开发，充分运用和引进先进科研成果。在不影响科研和生产人员工作的条件下，可参观和体验科研实验和生产全过程。

——注重效益。坚持高起点、高标准、高产出，注重科学性、超前性与实用性相结合。

——持续发展。因地制宜地发展优质园林苗木生产，不仅可以满足城乡绿化、美化的需求，提高人民生活质量，而且可以增强基地经济实力。

1.6 建设标准

拟建种苗基地按照育苗良种化、生产工厂化、灌溉机械化、管理科学化、效益最佳化的标准进行建设。

1.6.1 育苗良种化

种苗基地主要林木种苗育苗采用适宜哈尔滨园林绿化的优良树种、良种、花卉等。实行无性与有性繁殖相结合，对优良花卉品种繁殖技术成熟的采用组培、扦插、嫁接技术育苗，对其它则采用良种播种育苗。

1.6.2 生产工厂化

种苗科研示范基地按照种苗生产工序，采用机械化流水线和人工作业生产相结合，同时建设具有温控、湿控、光控等自动化控制功能的育苗温室及炼苗场，实行工厂化育苗，规模生产。

1.6.3 灌溉机械化

种苗科研示范基地建立高标准的灌溉系统，采用移动喷灌与漫灌相结合的灌溉方式，实现灌溉机械化。

1.6.4 管理科学化

种苗科研示范基地采用科学的经营管理措施，积极做好圃地土壤改良、平整、作床、营养土配置和病虫害防治等工作，并配置先进的电子和机械设备，对苗木生产的全过程和育苗重点环节或阶段进行现代化监控。

1.6.5 效益最佳化

由于园林绿化苗圃具有占地面积大、生产周期长、资金周转慢、相对投入成本较高、产品供应季节短、生产率低等特点，因此必须重视区域化生产和集约性经营，实现优质苗木稳定有效供给和效益的最佳化。

1.6.6 十年内的经营策略

建设哈尔滨市种苗科研示范基地是整个哈尔滨整体发展的一项大事，是一项重要的事业，将会直接影响哈尔滨未来城市建设的质量和品质。哈尔滨城市绿化要注重园林绿化的一次性栽植保存率，从整体上提高城市的建设质量，就应从建设本地的苗木基地做起。其经营策略如下：

——实现以短养长，短、中、长相结合，紧紧围绕为哈尔滨建设和发展提供高质量的园林绿化苗木为中心，实现恒续发展。

——注重建设期的管理，要将哈尔滨周边适应哈尔滨城市绿化美化的主要品种的苗木如白杆、青杆等优质苗木集中到苗圃，坚持高起点、高标准、高产出，实现高质量苗木培育的规模化，真真成为哈尔滨城市绿化美化的支撑之一。

——鉴于哈尔滨地区气候的特殊性，尽可能地少从哈尔滨以南的地区引进大量苗木进入苗圃。

1.7 项目总指标

表 1-1 哈尔滨市种苗科研示范基地主要指标一览表

序 号	名 称	单 位	指标	备 注
1	项目总用地面积	hm²	262.82	
1.1	生产用地面积	hm²	222.12	占总面积的84.51%
1.1.1	科研管理与设施育苗区	hm²	4.14	
1.1.2	大田优质苗木培育区	hm²	183.90	
1.1.3	丁香与珍贵树种培育展示区	hm²	5.62	

(续)

序 号	名 称	单 位	指 标	备 注
1.1.4	水生植物与科普体验区	hm²	18.39	
1.1.5	科学试验区	hm²	10.07	
1.2	非生产用地面积	hm²	40.70	占总面积的15.49%
1.2.1	科研楼	hm²	0.15	
1.2.2	锅炉房	hm²	0.16	
1.2.3	机具库	hm²	0.04	
1.2.4	变电站	hm²	0.02	
1.2.5	给水及消防泵房	hm²	0.03	
1.2.6	管护站	hm²	0.04	
1.2.7	气象站	hm²	0.04	
1.2.8	道路	hm²	15.23	
1.2.9	生态停车场	hm²	0.30	
1.2.10	排灌	hm²	4.50	
1.2.11	防护林	hm²	19.07	
1.2.12	绿化	hm²	1.16	
1.2.13	职工生活	hm²	0.08	
2	建设总投资	万元	24561.02	
2.1	基本建设投资	万元	17880.02	占总投资的72.80%
2.1.1	其中：工程建设直接费用	万元	15577.75	
2.1.2	工程建设其它费用	万元	1450.84	
2.1.3	基本预备费	万元	851.43	
2.2	铺底流动资金	万元	6681.00	占总投资的27.20%

1.8 问题及建议

1. 园林绿化苗圃是一项公益性事业，具有建设和使用的长期性，因此要把选择一把手作为重点，关键是要有事业心；

2. 要建立适合哈尔滨市种苗科研示范基地的管理制度；

3. 重视科研与开发工作，要突出重点和效益；

4. 积极与国内外科技单位的合作；

5. 重视科技成果的转化，尤其是一要重视木本植物，二要重视保存率，像哈尔滨乃至黑龙江这样的气候特征，在辽宁、吉林以及河北很难找到适宜为哈尔滨培育苗木的地方，如果要确保栽植三年后仍能成活，栽植的苗木就必须是当地培养的苗木。

第2章 基本情况

2.1 自然概况

2.1.1 地理位置

拟建哈尔滨市种苗科研示范基地位于哈尔滨道里区太平镇永和村，是哈尔滨最西部远郊区，距市区35 km，距机场高速公路5 km处。地处北纬1345°32′－47′，东经126°08′－38′。基地总规模262.82 hm²，东西长3033 m，南北宽1312 m。

太平镇地处松嫩平原中部，松花江中下游北岸，东至运粮河与新农乡为邻，西与双城县农丰镇及永胜乡接壤，南与双城县五家镇、公正乡毗连，北至松花江与肇源、肇东县隔江相望，占地面积162.0 km²，辖9个村，26个自然屯。基地周围有太平村、永和村、先富村。

2.1.2 地质、地貌

哈尔滨市种苗科研示范基地地处松花江冲击平原一级阶地，局部地形微有起伏，但地面总体平坦，松嫩平原东部的一部分，呈南高北低的地势，局部区域有突起，海拔高程在132 m～138 m之间。场地基本地震烈度为6度。

2.1.3 水文和水源

哈尔滨市种苗科研示范基地选择在松花江干流由西向东贯穿哈尔滨市地区中部，是哈尔滨灌溉量最大的河道。基地离松花江2 km。当地居民生活用水水源采用地下水。地下水源充足，水质较好，主要受降水和来自高平原的侧向条件较好的地下经流补给，其向北部漫滩区排泄，向北注入松花江。水位埋深为30 m～50 m，水力特性为弱承压水。单井涌水量一般为50 m³/h～200m³/h，干旱年地下水天然补给模数一般为10.36m³/a. km²，可采模数为6.77万 m³/a. km²。地下水矿化度小于18：1，为低下度 HCO3－Ca 型水，pH 值6～8，水温3℃～6℃，指标灌溉水质要求。

2.1.4　气候

种苗科研示范基地属中温带大陆性季风型气候，冬季漫长、寒冷干燥，夏季短促、湿热多雨，春季风大干旱，风源地变化明显。春季回暖期早，夏天温暖湿润，水热同期，光照充足，有利于植物生长。本区气温变化大，年平均温差高达 42.2℃，日平均温差在 10℃～12℃。年平均气温 3.6℃。1 月为最冷月，平均气温 -19.4℃，最低气温曾达 -41.4℃(1932 年)。7 月为最热月，平均气温 22.8℃，最高气温曾达 41.2℃。年平均相对湿度 67%，月平均最大相对湿度 79%。年日照 2641 小时，夏季日照时数在 700 小时以上，为全年最高季节。年有效积温 2800℃，年太阳辐射量为 4800MJ/m² ～5860MJ/m²。虽属降水较少地区，但因气温较低、蒸发量较少，为半湿润区。年平均降水量 541.7 mm。雨期集中夏季，7 月、8 月降雨量约占全年的一半。月平均降雨量最高 176.5 mm，月平均降雨量最底 39 mm，年平均蒸发量 1508.7 mm。无霜期较短，平均在 140 天左右。结冰期较长，约 190 天左右。冬季降雪日期通常始于 10 月，终于次年 4 月，长达半年之久。降雪深度最高 410 mm，设计降雪负荷 450 Pa，有季节性冻土，平均深度 1.7 m 左右，土壤最大冻结深度 1.97m，土壤稳定冻结期平均在 160 天左右。常年多西南风，冬季西北风明显增加，因海拔高于本市沿江地区，风力较强，年均风速约 4 m/s，平均风压 500Pa。冬季最大风速 19.9 m/s，春季常三、四级风，风速可达 5 m/s，并经常出现七、八级大风，形成灾害。

2.1.5　土壤

太平镇地处松花江两岸的泛滥土区，主要土壤是草甸土区，土质为草甸黑钙土，为良好的宜农土质，土壤组成物质上部为黄土状亚粘土，下部为砂砾层，地表普遍发育着黑土。黑土土层厚约 50 cm 以上，有机质含量 18.8～28.9 g/kg 左右，速效氮 96.1 mg/kg ～157.9 mg/kg、速效磷 2.29 mg/kg～49.5 mg/kg、速效钾 144 mg/kg ～225 mg/kg，土壤养分含量不均。田间持水量 31%。容重为 1.4g/cm³，pH 值 5.7～7.7。

2.1.6　植被状况

种苗科研示范基地过去为农耕地，长期种植玉米。

2.1.7　病虫害

长期种植玉米的地里常发生的地下害虫有蝼蛄(*Gryllotalpa orientalis*)、蛴螬(*Holotrichia diomphalia*)、地老虎(*Agrotis ypsilon*)和金针虫(*Elateridae* spp)等，也是苗圃植物的大敌。这些害虫在地下为害不易发现，发现时已造成危害，且危害时间长，防治比较困难。从春季到秋季，从播种到收获，咬食幼苗、根、茎、种子有块根、块茎。往往造成缺苗 30% – 40%，严重毁苗重播。因其危害虫态主要栖居于土壤中，给防治带来一定的困难，因此，对地下地下害虫的治理必须采取综合防治措施。

2.1.8 自然灾害

种苗科研示范基地所在区域春季3月–5月，易发生春旱和大风，气温回升快而且变化无常，升温或降温一次可达10℃左右，易造成低温冷害(延迟型冷害、障碍型冷害和混合性冷害)，影响作物生长，使作物减产13% ~ 35%；霜冻来得早、去得晚，终霜到初霜的历年平均间隔无霜期是130天–140天，最短是1974年无霜期112天，最长是1961年无霜期140天；夏季6月–8月，炎热湿润多雨，间有暴雨，易发生洪涝灾害；冬季降雪频繁，易发生雪灾，易造成设施棚室毁坏，对农业生产及农村经济造成极大损失。

2.1.9 环境状况

种苗科研示范基地区域环境质量较好。据2011年哈尔滨市环境保护局《哈尔滨市环境质量报告书(2006 – 2010)》，道里区是黑龙江省省会哈尔滨市的中心城区，太平镇位于哈尔滨市区西部；道里区环境空气质量一直处于二级以上水平，区域内空气质量情况良好，是哈尔滨市的绿色无公害蔬菜生产重要基地，现代都市农业发达，拥有耕地面积24.8万亩，是全国百个绿色无公害蔬果生产基地之一，无公害蔬菜生产面积达10万亩；是哈尔滨市的宜居城区，依江傍水，上风上水，空气质量好，环境秀美，适宜人居。

2.1.10 交通情况

哈尔滨市种苗科研示范基地位于哈尔滨市道里区，距哈尔滨市中心城区仅35 km，距哈尔滨太平国际机场5 km，区位条件非常优越。周边交通便利，基地北边有太安北路，南边哈双路与机场高速相接，可通过机场高速与机场、城市中心区联系。太平镇设有公交车站。详见附图1哈尔滨市种苗科研示范基地交通区位分析图。

2.2 社会经济状况

2.2.1 哈尔滨市社会经济状况

2010年哈尔滨市总人口992.02万人，比上年末增加0.43万人。城市居民家庭年人均可支配收入17556.8元，增长10.5%，人均消费性支出13939.5元，增长12.8%，其中人均旅游支出增长92.0%，旅游人数增长1.6倍。

2010年，初步测算，全年实现地区生产总值3665.9亿元，按可比价格计算比上年增长14.0%。其中，第一产业实现增加值412.7亿元，增长7.3%；第二产业实现增加值

1384.6 亿元，增长 17.1%；第三产业实现增加值 1868.6 亿元，增长 13.5%。人均地区生产总值 36961 元，比上年增长 13.9%。林业产值 23.0 亿元，增长 4.6%。

2.2.2　道里区社会经济状况

哈尔滨市道里区辖 17 个办事处，四镇一乡，全区总面积 479.2 km²，其中城区 22.6km²，郊区 456.6km²，太平镇位于道里区郊区。道里区总人口 67.5 万人，农村人口 12.5 万人（其中农业人口 10.06 万人），农民人均收入 5760.8 元。

2.2.3　太平镇及基地周边村社会经济状况

参考《太平镇 2012 年农村统计年鉴》

示范基地周边有太平村、永和村、先富村。永和村有村民 3000 余人，人均收入 8000 – 10000 元。

第3章 建设目标与产品方案

苗圃基地的建设目标确定以后，产品方案是最主要考虑的工作，产品方案就是苗圃基地的未来，直接决定着苗圃基地的经济效益和社会效益。

3.1 基地建设目标

3.1.1 建设目标

利用现代化技术与设备，充分吸收国内外先进科学技术和经营理念、管理经营模式，把种苗科研示范基地建成一个具有现代化技术水平的高科技产业型园林绿化苗木培育基地，为哈尔滨的城市绿化美化做出显著贡献。

3.1.2 建设规模

基地占地总面积262.82 hm^2。其中，科研管理与设施育苗区6.50 hm^2，大田优质苗木培育区215.55 hm^2，丁香与珍贵树种培育展示区7.33 hm^2，水生植物与科普体验区21.85 hm^2，科学试验区11.60 hm^2。

3.1.3 生产苗木规格

以生产米（地）径10 cm以上或冠幅3.5m的乔木类苗木，冠幅1.2m以上的灌木类苗木以及花卉、草坪等地被植物为主，5年生以下的乔木类苗木为辅。

3.2 产品方案

根据基地育苗设备、面积、树种生长特性和培育年限等因素，拟定市种苗科研示范基地正常年出圃绿化苗木129万株、花卉100万株。苗木培育方式和生产规模见表3-1，主要培育树种、花卉见表3-2。

表 3-1　苗木培育方式和生产规模表

产品方案	正常年产量 （万株/年）	苗龄（年）	育苗方式	育苗地点
一、移植苗	14			
1. 针叶移植大苗	10	5－15	移植	大田
2. 阔叶移植大苗	4	3－10	移植	大田
二、实生苗	100			
1. 针叶实生苗	50	2－2	播种	大田、温室
2. 阔叶实生苗	50	2 以上	播种、扦插	大田、温室
三、花灌木	15	3－5	播种、扦插、组织培养等	温室、大田
四、花卉	100	0.5－3	播种、扦插、组织培养等	组培室、温室、大田
合计	229			

表 3-2　哈尔滨市种苗科研示范基地主要培育树种、花卉一览表

类型		主要树种
针叶树种	乔木	青杆（*Picea wilsonii*）、白杆（*P. meyeri*）、红皮云杉（*P. koraiensis*）、樟子松（*Pinus sylvestris var. mongolica*）、兴凯湖松（*P. takahasii*）、高山桧（*Juniperus squamata*）、桧柏（*Sabina chinensis*）、东北红豆杉（*Taxus cuspida*）
	灌木	铺地柏（*Sabina procumbens*）、沙地柏（*Sabina vulgaris*）
阔叶树种	乔木	榆树（*Ulmus pumila*） 旱柳（*Salix matsudana*）、垂柳（*S. babylonica*） 胡桃楸（*Juglans mandshurica*）、水曲柳（*Fraxinus mandshurica*）、蒙古栎（*Quecus mongolica*）、黄菠萝（*Phellodendron amurense*）、椴树（*Tilia* spp） 糖槭（*Acer saccharum*）、色木槭（*A. mono*）、青楷槭（*A. tegmentosum*）、拧筋槭（*A. triflorum*）、花楷槭（*A. ukurunduense*） 小叶杨（*Populus simonii*）、小黑杨（*P. X xiaohei*）、新疆杨（*P. alba* var. *pyramidalis*） 白桦（*Betula platyphylla*） 山桃（*Amygdalus davidiana*）、山杏（*Prunus armeniaca*）、稠李（*Prunus padus*）
	灌木	丁香类（*Syringa* spp.） 榆叶梅（*Prunus triloba*）、绣线菊（*Spiraea* spp）、黄刺梅（*Rosa xanthina*）、连翘（*Forsythia suspensa*）、小檗（*Berberis kawakamii*）、忍冬（*Lonicera* spp）、东北山梅花（*Philadelphus schrenkii*） 花楸（*Sorbus* spp）、鸡树条荚蒾（*Viburnum opulus*）、金银忍冬（*Lonicera maackii*）、接骨木（*Sambucus williamsii*） 红瑞木（*Swida alba*）

（续）

类型	主要树种
花卉及地被植物	组培花卉：红掌（*Anthurium andraeanum*）、玉簪（*Hosta spp*）、蝴蝶兰（*Phalaenopsis amabilis*） 常规花卉：五色草（*Alternanthera bettzickiana*）、一串红（*Salvia* spp）、万寿菊（*Tagetes spp*）、金鱼草（*Antirrhinum* spp）、菊花（*Chrysanthemum* spp）、荷兰菊（*Aster* spp） 景天（*Sedum* spp）、萱草（*Hemerocallis m* spp）、鸢尾（*Iris* spp）、石蒜（*Lycoris* spp）系列 牵牛花（*Pharbitis nil*）、鸡冠花（*Celosia cristata*）、仙客来（*Cyclamen persicum*）
水生植物	睡莲（*Nymphaea* spp）、荷花（*Nelumbo* spp）、千屈菜（*Lythrum* spp）、香蒲（*Typha* spp）、慈姑（*Sagittaria* spp）、金鱼藻（*Ceratophyllum demersum*）
草坪	早熟禾（*Poa annua*）、莓叶委陵菜（*Potentilla fragarioides*）

第4章 基地区划与总平面设计

苗圃基地区划就是围绕苗圃的建设目标和产品方案，开展苗圃地合理布局，区划各种生产用地和辅助用地，充分利用土地，合理安排实验室、温室、冷库和苗木生产等布局，同时科学安排道路、水、暖、电等系统，便于苗圃基地生产作业、科学研究与经营管理，生产适销对路的苗木，持续地取得最佳的经济效益和社会效益。科学合理的苗圃基地区划与总平面设计是苗圃生产、经营、管理最基础的工作。

4.1 市政规划条件和要求

本项目用地为农田，项目用地周围基础设施较差，具体条件如下：

1. 供水

周边乡村用水为机井。

2. 雨水、污水

无雨水、污水排泄系统。

3. 热力和采暖制冷方式

周边农户自家取暖

4. 燃气

无燃气，生活用煤。

5. 供电

示范基地内有两条农电网。永和村使用农用电。

示范基地生产用电可申请农用电，生活用电可接入太平镇城镇用电。

4.2 场地概述

示范基地位于哈尔滨市道里区太平镇永和村，地处松花江冲击平原一级阶地，局部地形微有起伏，但地面总体平坦，松嫩平原东部的一部分，呈南高北低的地势，海拔高程在132 m～138 m之间。基地为农田，主要作物为玉米。基地西部因太安路（路两侧有大沟）分为东西两部分，基地内无机井和排灌系统。

4.3 基地总平面规划设计

根据苗圃现状、所培育苗木特征，进行科学合理布置，充分利用土地，以提高土地利用率。重点培育高质量的苗木，提高苗圃的恒续最佳经济效益和社会效益。

4.3.1 总平面区划原则

——合理布局。按照发展规模化、标准化苗木基地的要求，形成布局合理、功能完善、定位明确、集约发展的产业格局。

——充分利用土地。合理布局，充分利用土地资源，在不影响生产条件下，尽量压缩非生产用地面积，各育苗区的配置生产用地面积占用地总面积的80%以上，实现土地效益最大化。

——实现苗木生产恒续发展。城市正处于快速发展时期，园林苗木产业长期利好，相对应的园林及苗木业应该具有持续而长久供给能力。

——便于生产作业与管理。对圃地、道路、排灌设施及科研和综合管理建设统一规划，合理安排，以便于机械化作业，提高劳动生产率

——突出生产区域性特点。立足于哈尔滨城市发展对高质量园林绿化苗木的需求，把大规格绿化苗木的培育作为长远发展目标，走向区域化生产和集约化经营发展的路子。

——有利于合理开发利用土地。考虑周边道路与圃地的相互关系，合理规划，满足经营、管理及运输的需要。

——有利于未来发展。综合考虑基地的发展达到花园式基地的目的。

4.3.2 总体布局

按照区划原则和区域平面布置的特殊要求，将种苗基地划分为科研管理与设施育苗区、大田优质苗木培育区、丁香与珍贵树种培育展示区、水生植物与科普体验区、科学试验区五大功能区和14个小区：

1. 科研管理与设施育苗区

科研管理及设施育苗区是整个种苗科研示范基地的综合服务枢纽。位于基地的东部A区，占地面积6.50 hm²，占基地总面积的2.47%。主要由科研开发、苗木生产和生活服务等的相关建筑及设施组成，将建成集现代化综合管理、新产品研发、科学实验、技术培训、生活服务于一体，拥有配套设施完善、环境优美的生产与经营管理的现代化科研管理区。

科研管理区位于该区西南侧，占地面积1.33 hm²，占该区面积的20.47%。是开展科学研究、技术交流、咨询、培训服务和维持基地日常工作正常开展的管理服务机构区域。

科研管理区包括科研楼、员工宿舍及食堂、锅炉房、机具库、运动场等。员工宿舍及食堂通过连廊和科研楼联系，方便使用。科研楼前设置广场及中心绿化，美化环境。员工宿舍及食堂北侧设置运动场，为员工提供良好的户外活动场所。锅炉房和机具库用绿化和其他建筑分隔开来，并在科研管理区北侧共用一个出入口，以减少对主体建筑的干扰。

设施育苗区位于用地北侧，占地面积 5.17 hm²，占该区面积的 79.53%。主要是利用先进的设备、生产技术和现代化管理手段，通过组培和容器育苗，为种苗生产创造合理、优越的环境条件，培育优良种苗，并使之形成一定的生产能力。设施育苗区包括温室、组培室、基质生产车间及炼苗场，并将造型美观的现代化温室置于沿主要道路方向，形成良好的街景。

科研管理及设施育苗区指标如下：

表 4-1　科研管理及设施育苗区指标表

项目		面积(m²)
总用地面积		64963.00
其中	科研管理区用地面积	13300.00
	设施育苗区用地面积	51663.00
总建筑面积		6982.95
其中	科研楼	3872.55
	员工宿舍及食堂	1650.55
	机具库	625.00
	锅炉房	608.85
	变电站	196.00
	消防水池及泵房	15.00
农业设施总面积		24775.7
其中	温室1	11173.00
	温室2	11157.60
	基质生产车间	1191.60
	组培室	1253.50
建筑物基底面积		3632.17
其中	科研楼	1519.81
	员工宿舍及食堂	825.27
	机具库	640
	锅炉房	451.09
	变电站	196.00

（续）

项目	面积(m^2)
农业设施基底面积	24775.7
道路广场面积	8000
绿化面积	11650
炼苗场面积	16661
科研管理区停车位	34
科研管理区容积率	0.52
科研管理区建筑密度	27.31%
科研管理区绿地率	27.44%

2. 大田优质苗木培育区

大田优质苗木培育区位于基地 B 区，占地面积 215.55 hm^2，占基地总面积的 82.01%。根据培育方式又划分为 7 个小区，包括播种小区 19.34 hm^2、营养繁殖小区 2.50 hm^2、移植小区 37.36 hm^2、针叶树培育小区 66.70 hm^2、阔叶培育小区 38.26 hm^2、花灌木培育小区 33.72 hm^2、花卉及地被植物小区 17.52 hm^2。其中播种苗小区、营养繁殖小区、移植小区、花卉与地被植物培育小区为幼苗培育区，大苗培育区包括针叶树培育小区、阔叶树培育小区、花灌木培育小区，是长期培育的重点，是为培育根系发达、树形优美、苗龄较大、可直接出圃用于绿化的大苗而设置的生产区。在大苗区继续培养的苗木，通常在移植区内已进行过 1 至几次移植，在大苗区培育的苗木出圃前一般不再进行移植，且培育年限较长。大苗培育区面积 138.68 hm^2，（苗龄 3 年以上，可分短期、中期、长期）占大田育苗面积的 64.4%。

3. 丁香与珍贵树种培育展示区

丁香与珍贵树种培育展示区位于基地 C 区，基地入门后的左侧，占地面积 7.33 hm^2，占基地总面积的 2.79%；主要开展丁香与珍贵树种培育、研究、展示。其中 C-1 为丁香品种示范小区 3.74 hm^2、C-2 为珍贵树种培育展示小区 3.59 hm^2。

4. 水生植物与科普体验区

水生植物与科普体验区位于基地 D 区，基地入门后的右侧，占地面积 21.85 hm^2，占基地总面积的 8.31%；属于一区两用，作为晒水池和水生植物与科普体验区。又分为漫步园与水生植物小区 5.32 hm^2、采摘园小区 10.99 hm^2、林下经济栽培小区 5.54 hm^2。

5. 科学试验区

科学试验区位于基地 E 区，占地面积 11.60 hm^2，占基地总面积的 4.41%。该区主要开展林木、花卉优良品种引进、试验、示范。

各分区情况详见表4-2和附图4哈尔滨市种苗科研示范基地功能分区图。

表4-2 哈尔滨市种苗科研示范基地分区定位一览表　　　　单位：hm²、%

序号	功能区	面积	所占比例	占总面积	位置（地块号）	定位解构
	合计	262.82		100.0		
一	科研管理与设施育苗区	6.50	100.00	2.47	A	
1	科研管理小区	1.33	20.47		A－1	科研与管理
2	设施育苗小区	5.17	79.53		A－2	工厂化育苗
二	大田优质苗木培育区	215.55	100.00	82.01	B	
1	播种小区	19.34	90.1		B－6	
2	营养繁殖小区	2.50	1.16		B－5	
3	移植小区	37.36	17.33		B－4	苗木生产基地
4	针叶苗木培育小区	66.70	30.94		B－3	
5	阔叶苗木培育小区	38.26	17.75		B－1	
6	花灌木培育小区	33.79	15.68		B－2	
7	花卉及地被植物小区	17.52	8.13		B－7	
三	丁香与珍贵树种培育展示区	7.33	100.00	2.79	C	丁香种质与珍贵树种资源收集和展示
1	丁香品种示范小区	3.74	50.99		C－2	
2	珍贵树种收集展示小区	3.59	49.01		C－1	
四	水生植物与科普体验区	21.85	100.00	8.31	D	
1	漫步园与水生植物小区	5.32	24.35		D－1	晒水池、水生植物景观与科普体验
2	采摘园小区	10.99	50.31		D－2	
3	林下经济栽培小区	4.15	25.34		D－3	
五	科学试验区	11.60	100	4.41	E	林木、花卉优良品种引进、试验、示范

4.3.3　生产用地和非生产用地的布局

科研基地总用地面积262.82hm²，其中生产性用地面积222.12 hm²，占总面积的84.51%；非生产性用地面积40.70 hm²，占总面积的15.49%。各区生产用地和非生产用地情况详见表4～3和附图2哈尔滨市种苗科研示范基地总平面设计图。

表4-3　哈尔滨市种苗科研示范基地用地总体布局一览表　　　　　单位：hm², %

项目		面积	占生(非)产用地	占总面积
合计		262.82		100.00
生产用地	小计	222.12	100.00	84.51
	一、科研管理与设施育苗区	4.14	1.86	1.58
	1. 温室	2.23	1.00	0.85
	2. 基质生产车间	0.12	0.05	0.05
	3. 组培室	0.13	0.06	0.05
	4. 炼苗场	1.67	0.75	0.63
	二、大田优质苗木培育区	183.90	82.79	69.97
	1. 播种小区	17.11	7.70	6.51
	2. 营养繁殖小区	1.91	0.86	0.73
	3. 移植小区	31.94	14.38	12.15
	4. 针叶苗木培育小区	58.62	26.39	22.30
	5. 阔叶苗木培育小区	31.58	14.26	12.02
	6. 花灌木培育小区	28.07	12.64	10.68
	7. 花卉及地被植物培育小区	14.67	6.60	5.58
	三、丁香与珍贵树种培育展示区	5.62	2.53	2.14
	1. 丁香品种示范区小区	3.10	1.40	1.18
	2. 珍贵树种收集区小区	2.52	1.13	0.96
	四、水生植物与科普体验区	18.39	8.28	7.00
	1. 漫步园与水生植物区小区	4.61	2.08	1.75
	2. 采摘园小区	10.50	4.73	4.00
	3. 林下经济栽培小区	3.28	1.48	1.25
	五、科学试验区	10.07	4.53	3.83
非生产用地	小计	40.70	100.00	15.49
	一、科研管理与附属设施	0.48	1.16	0.18
	1. 科研楼	0.15	0.37	0.06
	2. 机具库	0.06	0.15	0.02
	3. 锅炉房	0.05	0.11	0.02
	4. 变电站	0.02	0.05	0.01
	5. 给水及消防泵房	0.002		
	6. 管护站	0.04	0.10	0.02
	7. 气象站	0.04	0.10	0.02
	二、基础设施	20.03	49.21	7.62
	1. 道路	15.23	37.42	5.79
	2. 生态停车场	0.30	0.74	0.11
	3. 排灌	4.50	11.06	1.71
	三、防护林	19.07	46.85	7.26
	四、绿化	1.16	2.85	0.44
	五、职工生活区	0.08	0.20	0.03

4.3.4　道路交通布局

基地内道路布设考虑周边道路与圃地的相互关系，形成功能齐全、科学合理的基地路网系统，满足经营、管理及运输的需要。基地内道路设环路和干道、支道、步道，各级道路相互交叉垂直，沟通联系整个苗圃，有利于苗圃间的交流和苗圃与外部的交流。

干道是苗圃内部和对外运输的主要道路，基地内东西中心线上设一条干道，南北设两条干道，与基地内原有乡级公路形成一横三纵的主交通，与出入口、建筑区相连，并呈十字交叉形。

支道与主干道垂直，通往各作业区由支道连接。

为便于车辆、机具回转方便，在基地的周围设置环路，绕苗圃一周。

大田生产步道结合大田土壤改良并考虑机械作业及种植区划等统筹建设（本次没规划）。

详见附图 3 哈尔滨市种苗科研示范基地总平面设计图。

第5章 分区设计

苗圃基地分区就是根据基地的总体平面规划，进行科学合理分区安排，利于生产和经营管理。

5.1 科研管理与设施育苗区

5.1.1 科研管理区

1. 在科研管理区修建科研楼一栋，三层，建筑面积3872.55 m²，构架结构。内设办公室、大型会议室、普通会议室、技术档案室、材料室、资料阅读室、展示厅、标本室、卫生间、门卫、仪器存放室、药品存放室、土壤实验室、种苗实验室、组培实验室、病虫防治实验室。配备办公桌椅、电脑、打印机等办公设施和监测与分析设备及实验仪器设备，设备清单附表2(略)。

2. 修建员工宿舍及食堂1650.55 m²、机具库建筑面积625.00 m²；锅炉房建筑面积608.85 m²；变电站196.00 m²等，配套建设道路、水、电、供暖等基础设施，同时小区内布置绿地、停车场等，形成优美的室外环境。详细设计详见第八章基础设计。

5.1.2 设施育苗区

设施育苗区主要建设目的是利用具有国际先进水平的苗木生产技术、现代化的设备和管理手段，快速培育优良林木种质资源，生产优质的花木产品，以充分发挥育苗基地的技术与产品先导与示范作用。其建设内容主要有：

1. 自控温室

建设自动化温室2栋，面积22330.6 m²。采用文洛式连栋聚碳酸酯中空板自控温室，配备自动化的灌溉施肥系统以及光、温、气、湿控制系统，主要用于组培苗、容器苗、花卉等培育。

2. 组织培养室

建设组培车间1253.50 m²，轻钢结构，设置在温室2中。组培工厂是目前世界上应用组培技术进行组培苗工厂化生产的最先进设施，生产高度集约化、标准化，技术实力强，自动化控制水平高。在组成上一般分为组培苗生产车间和驯化栽培区，其中，组培苗生产车间主要包括洗涤车间、培养基配制车间、灭菌车间、接种车间、培养车间。与现代温室、容器苗生产车间、炼苗场构成一体。

3. 基质生产和容器育苗生产车间

修建基质生产和容器育苗生产车间 1191.6 m²，轻钢结构。购置轻基质网袋育苗容器生产线 1 套及若干育苗盘。

4. 炼苗场

炼苗场 2 处，面积 16661 m²，购置设备 1 套。

科研管理与设施育苗区建筑物及基础设施设计详见第八章基础设施设计。设备选型与数量详见第七章设备选型和附表 2（略）。

5.2 大田优质苗木培育区

主要包括浅耕灭茬、土壤改良、道路、灌溉设施、排水设施、管护站房、苗木窖、气象站及育苗机械设备购置。

5.2.1 浅耕灭茬和土壤改良

浅耕灭茬 262.82 hm²，土壤改良和消毒 183.90 hm²。措施详见 8.1 土壤改良与土地平整。

5.2.2 管护站、苗木窖及气象站建设

1. 管护站

为便于工人休息和放置工具和生产资料，在大田区设 2 个管护站，分别设在 B-1 区和 B-3 区，每个建筑面积 200 m²，包括休息间、工具及生产资料存储间、厕所及化粪池。

2. 气象站

面积 400 m²，外围采用铁艺栅栏围墙，内置气象设备。

3. 苗木窖

设 5 个面积为 260 m² 的苗木窖。位置详见附图 2 哈尔滨市种苗科研示范基地总平面设计图。苗木窖的作用是避免苗木长时间失水和萌芽，延长造林时间，也可供雨季栽植。苗木运到后，立即转入窖中进行假植，假植的苗木直立或斜向排放，每放一排苗木，用湿土或是湿泥沙土埋根，每捆苗木间不能太挤，中间也要填入湿土，以防苗木发霉。窖藏好苗木后，要封住窖口，留一通风口，在窖的另一端还要留一透气孔。窖内温度保持在 5℃ 左右，空气湿度 30% 左右，并且每隔一星期要检查一遍，翻动苗木，防止苗木发霉导致死亡，或者苗木过早萌发，影响成活率。

5.2.3 购置大田生产设备

购置大田生产机具、拖拉机、拖拉机、旋耕犁、圆盘耙整地犁、插苗机、换床机(苗木移植机)、苗木切割机、RT-2移植机、振动式起苗机、大苗起苗机、除草松土器、机动喷雾器、苗木包装机、手推车、撒肥车、机修设备等;购置移动喷灌设施及移动喷灌机头。

分项设计详见第7章设备造型和第8章基础设施设计。

5.2.4 建设期大苗区生产规划

为尽快满足哈尔滨城市绿化建设和充分利用土地资源,基地建设期需要先从哈尔滨地区苗圃内选购4年生以上的优质绿化苗木及花卉与地被植物,以实现短、中、长相结合,持续发展。

针叶树培育小区位于以 B-3 作业区,生产面积 58.62 hm^2。是基地培育的重点,培育主要树种有青杆、白杆、红皮云杉、樟子松、兴凯湖松、高山桧、桧柏、沙地柏、铺地柏。栽植密度 2 m×1.5 m。

阔叶树培育小区位于以 B-1 作业区,生产面积 31.58 hm^2。主要培育适宜在哈尔滨适应种植的阔叶树,培育主要树种有榆树、旱柳、垂柳、胡桃楸、水曲柳、蒙古栎、黄菠萝、椴树、槭树、杨树、白桦等,栽植密度 2 m×2 m。

花灌木培育小区位于以 B-2 作业区,生产面积 28.07 hm^2。主要培育在哈尔滨适应种植和开发的观花观果植物及灌木树种,主要生产观花植物榆叶梅、绣线菊、黄刺梅、连翘、小檗、忍冬;观果植物花楸、鸡树条荚蒾、金银忍冬、接骨木、稠李等,栽植密度 1 m×1 m。

大田花卉生产小区位于以 B-7 作业区,面积 14.67 hm^2。主要是生产在哈尔滨夏秋陆地栽植的花卉和草坪植物,花卉主要品种有景天系列、萱草系列、玉簪系列、鸢尾系列、石蒜系列、一串红、万寿菊、金鱼草、菊花、荷兰菊、五色草等,栽植密度 100 株/m^2 - 130 株/m^2。草坪植物有早熟禾、莓叶委陵菜等。

5.3 丁香与珍贵树种培育展示区

位于基地西部 D 区,科研管理区的南部,占地面积 7.33 hm^2。分为丁香品种培育展示小区和珍贵树种培育展示小区两部分。

5.3.1 丁香品种培育展示区

丁香品种培育展示小区(市花展示区)位于以 C-1 作业区,面积 2.52 hm^2。本区建设主要目的是收集和展示丁香种质资源，展示丁香研究的科技成果，栽植密度 2 m×1.5 m。收集培育丁香品种主要有：收集培育丁香品种主要有：暴马丁香（*Syinga reticulata var. mandshurica*）、辽东丁香（*S. wolfii*）、毛叶丁香（*S. tomentella*）、欧洲丁香（*S. vulgaris f. vulgaris*）、紫丁香（*S. oblata*）、蓝丁香（*S. a meyeri*）、小叶丁香（*S. pubescens*、佛手丁香（*S. oblate. cv. Albaplena*）、北京丁香（*S. pekinensis*）、羽叶丁香（*S. pinnatifolia*）、红丁香（*S. villosa*、白丁香（*S. oblata var. alba*）等 30 余个，并成为研究丁香的基地。

5.3.2　珍贵树种培育展示区

珍贵树种培育展示小区位于 C-2 作业区，面积 3.10 hm²，栽植密度 2 m×2 m。本区建设主要目的是培育和展示东北三大硬阔胡桃楸、水曲柳、黄菠萝以及东北红豆杉、青杆、白杆等珍贵种质资源。

5.4　水生植物与科普体验区

位于基地西部 D 区，科研管理区的南部，占地面积 21.74 hm²。选用东北林区中特色稀有林木和林果，运用现代化技术手段进行栽培试验示范，全面展示东北植物的新、奇、特。实现"春可赏花，夏可乘凉、秋可品果、冬可赏果观茎"的效果，突出休闲特色。可供开展休闲、湿地观光、林果采摘、科普教育等活动。该区域主要建设内容包括漫步园及水生植物区、葡萄、蓝莓采摘园及林下经济栽培示范区。

5.4.1　漫步园及水生植物展示小区

该区位于 D-1 区，占地面积 5.21 hm²，其中水生植物观赏区 1.0 hm²，与晒水池一区两用。

利用针阔混交林空气中负氧离子较高的特性，构建具有本地特色的红皮云杉、樟子松、水曲柳、白桦针阔混交林，林下设计游步道、空闲地、草坪等，为游人提供漫步、太极、瑜伽等休闲运动理想环境。水池周边栽植垂柳，混交林林下栽植东北山梅花、金银忍冬、紫丁香、连翘、菊花、马蔺（*Iris lactea*）、鸢尾、大花萱草（*Hemerocallis x jybrida*）、紫花地丁（*Viola philippica*）、蜀葵（*Althaea rosea*）等具有保健价值的植物，营造安静舒适的环境。针阔混交林栽植密度 3 m×4 m 或 4 m×6 m。

水生植物展示种类有睡莲、荷花、香蒲、慈姑、金鱼藻等。水池周边设置安全防护性护栏和警示牌。

水生植物展示意向图　　　　　　　　　　　漫步园意向图

5.4.2　采摘园小区

采摘园小区位于 D－2 作业区，占地面积 10.99 hm²，分为葡萄（*Vitis vinifera*）园和蓝莓（*Vaccinium* spp）园两部分。

1. 葡萄园

葡萄园位于 D－2－1 作业区，占地面积 6.84 hm²。挖深度为 80 cm －100 cm、宽度为 100 cm －150 cm 定植沟，施入有机肥。春季定植时，栽植密度 1.5 m×5 m，架向均以南北行，植株由西向东爬。栽植品种为旭旺一号、寒香蜜、天缘奇、茉莉香等品种。还可栽植软枣猕猴桃、山葡萄等。

2. 蓝莓园

蓝莓园位于 D－2－2 作业区，占地面积 6.84 hm²。株行距：半高丛蓝莓常用 1.2 m×2 m，矮丛蓝莓采用 1 m×1 m。矮丛蓝莓自花结实率较高，但配置授粉树可提高果实品质和产量。配置方式采用主栽品种与授粉品种 1:1 或 2:1 比例栽植。矮丛蓝莓树体矮小，一般 30 cm －50 cm 高，抗旱能力强，具有很强的抗寒能力，主要品种为美登、芬蒂、坤兰等。

5.4.2　林下经济栽培小区

该位于 D－4 作业区，占地面积 5.54 hm²。选择具有营养保健价值的山野菜进行林下栽培试验示范，采用乔木－灌木—野菜立体种植试验示范，也可供游客参观、采摘。乔木层选择胡桃楸、白桦，灌木层灌木层选择具有食药用价值的龙芽楤木（*Aralia mandshrica*）进行栽植，山野菜有东北蹄盖蕨（*Athyrium brevifrons*、荚果蕨（*Matteuccia struthiopteris*）、薇菜（*Osmunda japonica*）、山芹（*Angelica sieboldi*），作为哈尔滨市林下栽培经营模式示范，林产品可供游客参观、采摘。

龙芽楤木采用扦插繁殖或组培方式育苗，猴腿蕨、荚果蕨、薇菜、山芹采用组培方式育苗。山芹也可用播种育苗。

乔木树种选胸径 8 cm 左右的苗木进行栽植，株行距 2 m×3 m。林木增长使郁闭度增加，可适当进行间伐，保证林下植物对光照的需求。

龙芽楤木栽植株行距为 1 m×1.8 m，根据林下植物对光照的需求和后期植株生长状况适当减小栽植密度。

蕨栽植株行距 20 cm×20 cm，薇菜栽植株行距 10 cm×25 cm，山芹栽植株行距 5 cm×30 cm。

5.5 科学试验区

科学试验区位于 E 区，在科研管理与设施育苗区的西边，占地面积 11.54 hm²。

本区的主要建设内容：

1. 收集、展示基地所繁育成功的优良树种、花灌木品种等；

2. 收集研究东北地区特有濒危珍稀植物；

3. 建立有生产利用前景的优良种质资源的采穗圃，主要目的是生产培育扦插苗用插穗、嫁接苗用接穗、优质组培苗扩繁材料等；

4. 积极开展林木、花卉优良品种引进、试验、示范、生产和技术推广，加强良种快速繁殖、优质高效生产、病虫害防治等配套技术的研究与应用，推广设施栽培新技术。

第6章　苗木培育工艺与技术

苗木培育工艺与技术是种苗基地的核心技术，每个基地或苗圃的苗木培育工艺与技术是不同的。苗木培育工艺与技术是根据基地或苗圃的总体规划和年度生产计划确定的。主要包括：(1)根据生产目标确定《生产经营计划》；(2)根据生产规划、生产品种特征和苗圃布局确定《苗木培育工艺与流程》；(3)根据国家、地方标准和各自特点确定《不同品种苗木培育工艺与技术》；(4)为便于生产安排，在长期生产和当地不同品种生产的基础上确定《苗木的生产年历》；(5)确定《基地或苗圃生产与经营一张图》，需要标注每种苗木的规格、数量，基地或苗圃负责人和技术人员需要时刻将《基地或苗圃生产与经营一张图》牢记脑中。

6.1　苗木培育工艺与流程

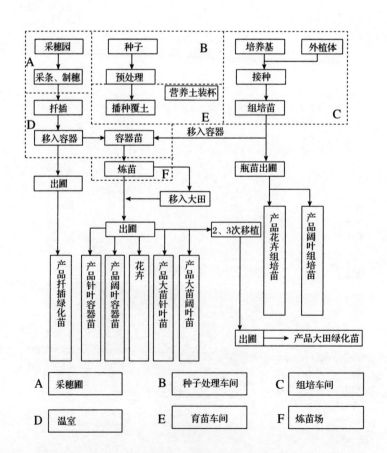

6.2　组培苗培育工艺流程

（1）组培苗主要培育珍贵花卉、地被植物和其它经济价值很高树种的苗木。
（2）培养基配制工艺流程

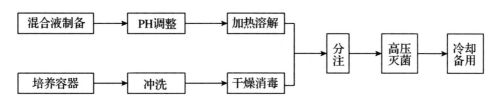

（3）组培苗培育工艺流程

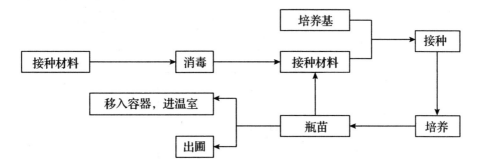

6.3　采穗圃建立和穗条生产工艺流程

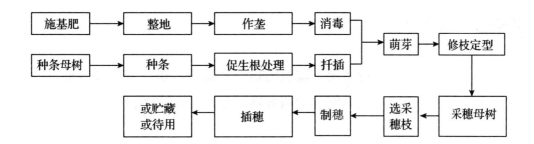

6.4　扦插苗培育工艺流程

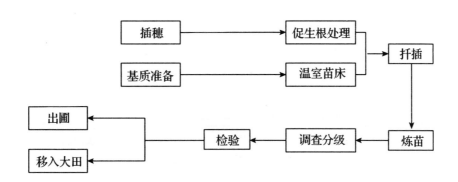

6.5 花卉培育工艺流程

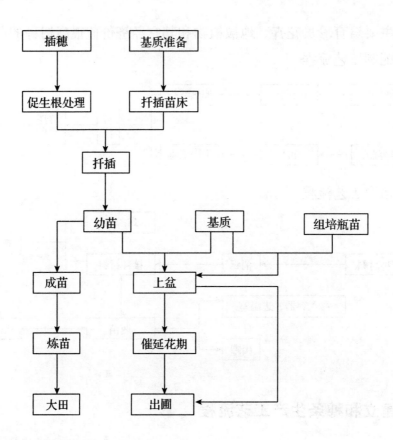

6.6 轻基质网袋育苗生产工艺

轻基质网袋育苗容器生产设备由容器成型机、容器切段机、基质搅拌筛分机三个独立部分组成，可生产多种规格轻基质网袋育苗容器。生产工艺如图：

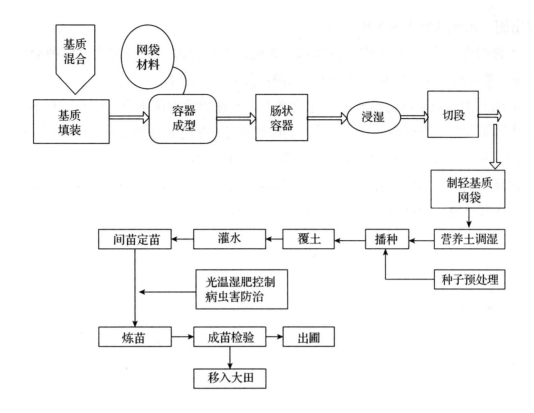

6.7　大田苗木培育工艺流程

大田苗木包括大田针叶苗、大田阔叶苗、花灌木等，工艺流程：

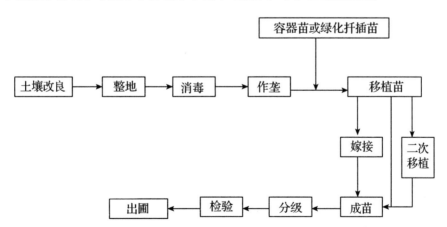

6.8　苗木出圃和再移植技术要点

1. 苗木在大田播种区中经过 1～3 年的培育，即可移植。培育的年数视树种而定，生长快的树种可以短些，生长慢的树种可以长些。

2. 培育一般的城市绿化苗和花灌木，则需要再移植 1 次～2 次，培育 2 年～3 年后，即可以出圃。出圃苗龄为 3.5 年 ~ 15 年。

3. 培育城市绿化大苗，则需要移植 2 ~ 5 次，方可出圃。移植密度视树种而定，株行距(0.8 m ~ 2.0 m) × (1.0 m ~ 3.0 m)。出圃苗龄为 6 年以上。

4. 出圃时大田城市绿化苗所带土球规格为：土球半径为苗木直径的 6 - 10 倍。其中常绿树的具体标准为，当树高小于 1m 时，土球规格为(直径 × 高度)30 cm × 20 cm；树高在 1 ~ 2 m 时，40 cm × 30 cm；树高大于 2 m 时，70 cm × 60 cm。

5. 出圃时的苗木检验标准执行《城市园林苗圃育苗技术规程》(CJ/T23 – 1999)和《城市绿化和园林绿地用植物材料木本苗》(CJ/T24—1999)。

第7章 设备选型

苗圃基地设备选型主要考虑使用性、配套性和价格，要用得上、用得起，成为苗圃节约成本、减轻劳动强度、提高效益的基础。

7.1 选型原则

根据基地性质、目标、规模、产品的生产工艺流程和建设要求，确定设备选型原则为：

——既能满足基地生产与科研的基本要求又能体现基地建设的高标准、高起点；

——充分利用设备设施，发挥设备的潜力；

——设备要相互配套，物尽其用，充分发挥设备的效率；

——在满足基地建设要求的基础上，设备要先进并适当超前。

7.2 设备选型

7.2.1 办公设备

购买电视机、档案柜、台式计算机、便携式计算机、桌椅、多媒体投影仪、复印机、激光打印机、程控电话等。

7.2.2 各种检验和实验设备

1. 土壤、苗木分析设备

主要有 NPK 低温联合消解仪、WSX 原子吸收分光光度计、红外炭硫分析仪、调温调湿箱、自动定氮仪、数字自动滴定管、电子天平（1/1000）、PH 计、其它仪器设备等。

2. 病虫害防治设备

主要有电子显微镜、立体生物解剖镜、培养皿、培养箱、人工气候室、其它仪器设备等。

3. 苗木质量检验检疫

主要有电子天平、压力室、生物解剖镜、烘箱、压力室、电导仪、操作台、其它仪器设备。

7.2.3 种子处理和种苗贮存设备

1. 种子处理、检验设备

主要有气候室、电子天平、水分测定仪、浸种设备、软X光透视仪、光照发芽器、烘箱；恒温箱、生物解剖镜、冰箱；数种仪；净度测定仪及其它仪器设备。

2. 种苗(条)检测、处理设备

主要有BCC种子处理设备、生物光照培养箱、人工气候箱、电子天平、烘干设备、手推车、其他设备。

7.2.4 基质生产与容器生产设备

容器育苗设备包括基质消毒设备、苗盘清洗设备、容器育苗装播生产线、苗盘和苗盘托架、苗木包装设备等。

本方案拟利用可降解网袋播种育苗，轻基质网袋育苗容器生产设备是由中国林业科学研究院林业研究所工厂化育苗研究开发中心研制生产的专业网袋育苗容器生产设备。设备照片见下图：

网袋容器成型机

容器切段机(自动)

基质搅拌筛分机

36 穴网袋容器专用育苗托盘（规格：35 X 35CM）

冲穴播种机

覆土喷淋机

轻基质网袋容器苗（炼苗场）

轻基质网袋容器苗（大田）

7.2.5　炼苗场设备

炼苗苗木浇水选用雾化好的悬臂式浇水器1套。

7.2.6　组培苗生产设备

组培苗生产设备有化学实验设备、消毒设备、接种设备和培养设备等。主要有超净工作台、超声波清洗器、医用不锈钢手推车、高压灭菌锅、杀菌灯、玻璃容器、其它配套仪器设备、植物培养灯、固定喷雾装置、全光照自动喷雾系统、移动支架、空气过滤系统、空调机、倒置显微镜、恒温摇床、微量移液器、药品柜、通风橱、计算机、投影仪、数码相机、组织培养架等仪器和药品。

7.2.7　大田生产设备

根据育苗任务、生产经营管理水平和实际需要，本着有利生产、经济、有效的原则，配备生产机械设备，交通运输设备和手工操作工器具等设备。

1. 生产机械设备：包括大田生产机具、胶轮式拖拉机、链式拖拉机、旋耕犁、圆盘耙整地犁、插苗机、换床机(苗木移植机)、苗木切割机、RT－2移植机、振动式起苗机、大苗起苗机、除草松土器、机动喷雾器、苗木包装机、手推车、撒肥车、机修设备等。

2. 交通运输设备：包括越野车、冷藏运输车、叉车、卡车。

3. 大田灌溉设备：移动式喷灌设备。

7.2.8　气象设备

主要为测定气温、地温、湿度、风速、蒸发量、降水量等的常规仪器。

以上设备详见附表2(略)。

第8章 基础设施设计

8.1 土壤改良与土地平整

8.1.1 浅耕灭茬

哈尔滨市种苗科研示范基地前茬作物为玉米,应先用铧式犁进行浅耕灭茬清理圃地,翻出前作物遗留在地里的残根、杂草垃圾,拣净石块、砖头。

8.1.2 施足底肥

根据测定情况确定施基肥,主要施用农家肥、复合肥。结合耕翻施入耕作层。

8.1.3 整地与作床

育苗前对圃地进行深耕细耙,耕深20 cm左右,使耕作层土壤疏松熟化,改良土壤理化性质,提高土壤蓄水、保肥能力,有利苗木根系生长。

苗床规格根据管理要求和圃地情况而定。床面平整,中央高于两侧,以免局部积水。

8.1.4 土壤消毒、灭虫和接种

育苗前进行土壤消毒、灭虫和接种。

1. 土壤灭菌

主要是使用药剂进行土壤消毒,以消灭土壤中存在的病原菌。可用硫酸亚铁300 kg/hm^2~450 kg/hm^2于育苗前20天施入,或用代森锌22.5 kg/hm^2~30 kg/hm^2,混拌适量细土,制成毒土,撒于土壤中。

2. 灭虫

用50%辛硫磷乳油20kg/hm^2,或呋喃丹15 kg/hm^2~22.5 kg/hm^2,混拌细土,制成毒土,撒于土壤中。

3. 接种

针叶树种育苗地应取松林地和针叶树种育苗地带有菌根菌的土壤接种。

8.2　建构筑物设计

8.2.1　主要建筑单体及生产设施设计

1. 科研楼

科研楼为地上三层，建筑立面采用欧式风格，是科研管理区最主要的建筑，平面布局均采用内走廊式；一层设有办公室、展厅等；二层设有实验室、资料室、仪器存放室、药品存放室、土壤实验室、种苗实验室、病虫防治实验室、档案室、办公室等；三层设有培训室、大会议室、办公室等；每层均设有男女卫生间。

(1) 建筑面积 3872.55 m²；

(2) 建筑层数：地上三层；

(3) 建筑高度：12.3 m；

(4) 结构形式：框架结构；

(5) 建筑物设计使用年限：50 年；

(6) 抗震设防烈度 6 度，抗震设防类别为丙类；

(7) 耐火等级：二级。

2. 员工宿舍及食堂

员工宿舍及食堂地上两层，通过连廊与科研楼连接，方便使用。一层设有厨房、餐厅、公共浴室、宿舍出入口等；二层设有宿舍、公共卫生间。

(1) 建筑面积 1650.55 m²；

(2) 建筑层数：地上两层；

(3) 建筑高度：8.7m；

(4) 结构形式：框架结构；

(5) 建筑物设计使用年限：50 年；

(6) 抗震设防烈度 6 度，抗震设防类别为丙类；

(7) 耐火等级：二级。

3. 机具库

机具库地上一层。包括设备间、材料库、药品库、肥料库、种子临时贮藏库、生产机具库等。

(1) 建筑面积 625.00 m²；

(2) 建筑层数：地上一层；

(3) 建筑高度：4.8 m；

(4) 结构形式：框架结构；

（5）建筑物设计使用年限：50 年；

（6）抗震设防烈度 6 度，抗震设防类别为丙类；

（7）耐火等级：二级。

4. 锅炉房

为科研管理区及设施育苗区提供热源，为燃煤锅炉房。

（1）建筑面积 608.85 m²；

（2）建筑层数：地上一层，局部两层；

（3）建筑高度：8.4 m；

（4）结构形式：砖混结构；

（5）建筑物设计使用年限：50 年；

（6）抗震设防烈度 6 度，抗震设防类别为丙类；

（7）耐火等级：二级。

5. 变电站

一层砖混结构，建筑面积为 196.00 m²，建筑高度：4.8 m。

6. 消防水池泵房

建筑面积为 15.00 m²，地上一层砖混结构，地下一层为钢筋混凝土结构。

7. 温室

采用轻钢纹络式温室，中空玻璃围护结构，并在屋顶上做遮阳设施。面积 11173.00 m²，温室 2 的面积为 11157.60 m²，高度 6 m。

其性能指标如下：

骨架：采用轻型国产热浸镀锌钢管制造，使用寿命 20 年以上。

结构：一跨三尖顶.

覆盖材料：采用 4+9+4 浮法玻璃，透光率高，使用寿命长。

跨度：9.6 m

顶窗：交错式天窗/单侧天窗，均采用优质齿轮齿条传动。

降温系统：采用湿帘风机降温 内遮阳系统（保温）。

自然通风：铝合金（塑钢）推拉窗，防虫网。

配置：苗床、喷灌系统、施肥系统、加温采暖系统、补光系统、智能温室控制系统等。

计算机控制系统：收集温室气候数据，监视作物生长情况。

8. 基质生产车间

面积为 1191.60 m²。门式钢架，与温室 1 通过连廊连接。

9. 组培室

形式及建筑材料的运用与温室相同，并将组培室设于温室 2 内。组培室设参观廊，同时满足生产及对外科普教育的需求。组培室面积为 1253.50 m²。包括：配药室、洗瓶室、灭菌罐装室、风淋室、无菌操作间、培养室、培养基储存室。

8.2.2　造型及立面设计

各建筑单体虽功能不同，但在造型和立面设计上形成了一个整体。设计时结合建筑所处的地域文化，使之形成了传统的欧式建筑风格与现代风格的结合；外墙面以褐色系为主，装饰柱及各种装饰线脚均为白色；建筑整体采用欧式经典的对称式布局，以中央主入口为核心形成横向五段式竖向三段式的立面构图，屋顶形式为平屋顶，女儿墙顶部的欧式栏杆与入口处的三角形门楣装饰更增加了浓厚的欧式韵味；造型设计强调凹凸变化及虚实对比，组成富于变化的立面肌理；通过现代手法、现代材料的应用使之具有雅致、细腻、简朴的同时又不失现代感，整体效果见附图。

8.2.3　防火设计

耐火等级：根据民用建筑等级划分办法，本项目所有建筑单体耐火等级为二级。

防火间距：本项目所有建筑单体之间的距离均大于 6 m，符合《建筑设计防火规范》（GB50016-2006）中关于防火间距的要求。

防火分区：科研楼共分为两个防火分区，首层为一个防火分区，二层和三层为一个防火分区；其余建筑单体建筑面积均不大于 2500 m²，根据《建筑设计防火规范》，每个建筑单体为一个防火分区。

安全疏散：科研楼和员工宿舍及食堂均设置两个疏散楼梯，每个防火分区保证两个疏散出口，且疏散宽度满足消防要求。直接通向疏散走道的房间疏散门至最近安全出口的最大距离均不大于 40 m，位于袋形走道两侧或尽端的疏散门均不大于 22 m，满足规范要求。

8.2.4　建筑物节能设计

设计中每栋建筑尽量采用南北朝向自然采光和通风，争取做到建筑体型规整。外门窗均采用中空玻璃节能外窗，首层地面、外墙及屋面做保温，建筑设备均采用用节能型设备。

8.2.5　建筑物结构设计

1. 设计标准

（1）温室设计使用年限为 20 年，其它结构设计使用年限为 50 年。

（2）建筑结构安全等级为二级。

（3）建筑抗震设防类别为丙类，抗震设防烈度为 6 度，设计基本地震加速度值 0.05g，设计地震分组为第一组。

（4）地基基础设计等级为丙级。

2. 设计荷载

（1）基本风压：　　　　　　　0.55 KN/m²

（2）基本雪压：　　　　　　　0.45 KN/m²

（3）楼梯间：　　　　　　　　3.50 KN/m²

（4）宿舍、办公：　　　　　　2.00 KN/m²

（5）走道、门厅　　　　　　　2.00 kN/m²（宿舍）、2.50 kN/m²（办公）

（6）阳台、卫生间　　　　　　2.50 KN/m²

（7）档案室　　　　　　　　　2.50 KN/m²

（8）实验室、会议室　　　　　2.00 kN/m²

（9）不上人屋面　　　　　　　0.50 kN/m²

（10）上人屋面　　　　　　　　2.00 kN/m²

3. 结构设计方案

表 8-1　拟建建筑结构设计方案表

建筑名称	层数	建筑结构	结构抗震等级	基础方案
科研楼	三层	钢筋混凝土框架结构，现浇钢筋混凝土楼屋面	四级框架	采用柱下钢筋混凝土独立基础
员工宿舍及食堂	二层	钢筋混凝土框架结构，现浇钢筋混凝土楼屋面	四级框架	采用柱下钢筋混凝土独立基础
机具库	单层	钢筋混凝土框架结构，现浇钢筋混凝土屋面	四级框架	采用柱下钢筋混凝土独立基础
锅炉房	地上一层（局部二层）	砖混结构，现浇钢筋混凝土楼屋面		采用墙下条形基础
变电站	单层	砖混结构，现浇钢筋混凝土屋面		采用墙下条形基础
消防水池及泵房	单层	砖混结构，地下一层为钢筋混凝土结构，现浇钢筋混凝土楼屋面		
温室	单层	轻钢结构		采用柱下钢筋混凝土独立基础
基质生产车间	单层	轻钢结构		采用柱下钢筋混凝土独立基础

8.3　道路系统设计

基地内设环路、干道、支道（不含管理区内道路），总长 27977 m。其中：干道长度

5111 m，支道长度12901 m，环路长度9452 m，基地科研管理与设施育苗区道路513 m。见附图4哈尔滨市种苗科研示范基地道路交通系统图

干道是苗圃内部和对外运输的主要道路，基地内东西中心线上设一条干道，南北设两条干道，与基地内原有乡级公路形成一横三纵的主交通，与出入口、建筑区相连，路基宽7.5 m，采用水泥砼路面，标高高于耕作区20 cm，并呈十字交叉形。在道路两侧分别种植2行乔木行道树，树种为白杆、青杆、花楸、榆树、紫叶李、山桃、山杏、稠李，树下栽植草坪。

支道与主干道垂直，与各耕作区相连，路基宽4.5 m，采用水泥砼路面，标高高于耕作区10 cm，通往各作业区由支道连接。道路两侧分别种植1行乔木作为行道树，树种为白杆、青杆、花楸、紫叶李。

基地的周围环路，路基宽4.5 m，采用水泥砼路面，标高高于耕作区10 cm。道路两侧分别种植1行乔木作为行道树，树种为白杆、青杆、花楸、紫叶李。

大田生产步道结合大田土壤改良并考虑机械作业及种植区划等统筹建设（本次没规划），有利于方便耕作机具和人工作业时通行，沙石路面，路基宽2 m。

基地科研管理与设施育苗区所建道路全部采用水泥砼路面，主干道路宽60 m，总长513 m，路的外侧建有绿篱及人行道。

修建科研管理与设施育苗区停车场5104 m²、园区入口生态停车场3000 m²。

8.4 给排水系统设计

8.4.1 设计范围

科研管理与设施育苗区和大田区给水、排水及消防工程设计。

8.4.2 室外给水工程

1. 水源

供水水源为自备深井（在区域周边经过水文地质勘察后，确定打井位置）。深井数量为12口，井深80 m。

2. 日用水量

（1）生活用水标准及用水量

生活用水量预估为25 m³/d，温室用水量为5 m³/d。

（2）苗圃用水量

大田区用水量灌溉定额按140 m³/亩计。

3. 给水管网及使用管材

科研管理与设施育苗区内设生活给水管网和消防给水管网，苗圃区内设输水管。管材采用球墨铸铁管，橡胶圈接口。

8.4.3　室外排水工程

1. 排水条件

经现场调研，当地无市政污水管道。

2. 排水方式

科研管理与设施育苗区内排水采用雨、污分流制，生活污水和生产废水经区内污水管网收集后排至室外污水处理设施处理达标后排至区内的排水沟，雨水经专用雨水管网收集后排至区内排水沟。苗圃区排水采用排水明沟收集后排至排水总沟。

3. 使用管材

雨、污管均采用 HDPE 双壁波纹管，橡胶圈接口。

8.4.5　建筑给水排水

1. 生活给水

水源及用水量详见室外给水设计中 1、2、3 条。

2. 排水系统

采用生活污水与生活废水合流排水系统，重力流排出，排至化粪池局部处理后排至室外污水管网，食堂的含油废水经隔油池局部处理后排入室外污水管网。

3. 屋面雨水排水系统

屋面雨水采用重力流排水系统，排至建筑散水。

4. 管材、接口

给水管：干管、立管采用内衬塑复合钢管，螺纹连接。

污水管：排水管采用 UPVC 排水塑料管，胶黏剂粘结；污水压力管采用内外壁热浸镀锌钢管，螺纹连接。

雨水管：屋面雨水内排水管采用硬聚氯乙烯排水塑料管及管件，胶粘剂接口。

8.4.5　灌溉系统

1. 给水方式

大苗区采用自备井水源直接供给，播种区、花卉区、移植区灌溉用水经晾晒池晾晒后使用。

2. 灌溉方式

基地内大苗区采用大水漫灌方式，播种区、花卉区、移植区采用移动式灌溉方式。

3. 输水方式

基地大田输水沿路设置 U 型槽口，过路处设钢管连接。设计灌溉给水 U 型槽总长 13658 m，输水管 1193 m，过路钢套管 831 m。

4. 排水方式

基地大田内沿道路设置排水明沟，水经排水明沟汇入区域内设置的排水总沟，最终汇入区域内现有排水沟。基地雨水经专用雨水管网收集后排至区内现有排水沟。设计排水总沟长 9211 m，排水明沟 29106 m，过路钢套管 754 m，雨水管 3754 m。

8.4.6 消防给水

1. 消防水源

消防用水由自备井供给，水量不能满足消防用水量，因此设自备井补水的消防水池作为消防水源，消防水池有效容积 252 m³（以科研楼消防用水计）。

2. 消防泵房

消防给水采用临时高压室内外合一系统，区内配套设一座地下式消防给水泵房，内设两台消防给水泵，一台备用，水泵参数 Q＝35L/s，H＝50 m，N＝45KW/台。

3. 消防水箱

在区域内最高建筑屋顶设一座有效容积 9 m³ 消防水箱和一套消火栓系统增压稳压装置，消防水箱设水位监控系统。

4. 室内消火栓系统

科研楼内设室内消火栓，科研楼室内消火栓用水量为 15L/s。

室内消火栓系统采用临时高压给水系统，火灾时由消防泵房内消火栓泵加压供水。管网系统竖向不分区，布置呈环。

消防水管采用内外壁热浸镀锌钢管，DN＜100 螺纹连接，DN≥100 沟槽连接。

各单体灭火器配置根据建筑物性质定。

5. 室外消防给水

室外消防管成环状布置，管网上布置 3 处消防水鹤。管材采用球墨铸铁管，橡胶圈接口。

8.4.7 污水处理站

1. 处理水质

污水主要来源于洗涤、浴室、便器冲洗和温室内实验器皿洗涤等，上述污水将排至区内污水站处进行处理达标后排放。

2. 出水水质标准

出水水质符合《城市污水再生利用景观环境用水水质》（GB/T18921－2002）中娱乐性景

观环境用水水景类水质标准。

3. 污水处理流程

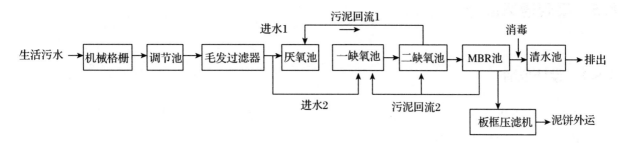

4. 成套埋地式污水处理设备

本项目中选用一套日处理量为 30 m^3/d 的成套埋地式污水处理设备。

8.4.8 节水、节能措施

1. 选用节水型卫生洁具及配水件：卫生器具及配件采用节水型生活用水器具，盥洗槽、洗涤盆等用水器具水嘴采用陶瓷片密封式节水型水嘴；公共卫生间内洗脸盆采用红外感应水嘴，小便器采用感应式冲洗阀，蹲便器采用液压脚踏冲洗阀，坐便器采用 3/6 L 水的节水型坐便器。

2. 雨水利用措施：停车场、人行道等处采用渗水砖，雨水经渗水砖蓄渗回灌；以补充日益减少的地下水资源。

3. 消防水池、消防水箱、生活水箱：设水位监控装置，防止进水管阀门故障时，水池、水箱长时间溢流排水。

8.4.9 环境保护措施

1. 生活污水经化粪池处理后排入一体式污水处理设备处理，达标后排出。

2. 室外污水检查井采用塑料制品，整体密封性好，避免污水渗漏对土壤及地下水的污染。

3. 排水构筑物均采用钢筋混凝土池体及防腐防渗措施，密封性好，避免污水渗漏对土壤及地下水的污染。

4. 在基地设置垃圾箱 20 个，购置垃圾转运车 1 辆，基地标识系统 100 个。

8.4.10 卫生防疫措施

1. 公共卫生间内洗脸盆采用红外感应水嘴，小便器采用感应式冲洗阀，蹲便器采用液压脚踏冲洗阀，防止人手接触产生交叉感染疾病。

2. 构造内无存水弯的卫生器具、明沟与排水管道连接时，在排水口以下设存水弯。

存水弯和地漏的水封深度不得小于 50 mm。

8.5 采暖通风设计

8.5.1 设计范围

温室、基质生产车间、组培室、科研楼、员工宿舍及食堂、机具库、变电所、锅炉房的采暖、通风、空气调节及防排烟系统设计；锅炉房系统设计；场区管线系统设计。

8.5.2 室内外设计参数

1. 室外设计计算参数

表 8-2 室外设计参数

名称	参数
建设地点	哈尔滨市
海拔	142.3m
冬季大气压力	100.42kPa
夏季大气压力	98.77kPa
冬季采暖室外计算干球温度	−24.2℃
冬季通风室外计算干球温度	−18.4℃
冬季最低日平均计算干球温度	−37.7℃
夏季通风室外计算干球温度	26.8℃
最冷月月平均室外计算相对湿度	73%
最热月月平均室外计算相对湿度	62%
最热月平均温度	36.7℃
冬季室外平均风速	3.2m/s
夏季平均风速	3.2m/s
最大冻土深度	205cm

2. 室内设计计算参数

表 8-3 室内设计参数

房间名称	采暖设计温度℃	房间名称	采暖设计温度℃
办公室	18	浴室	25
会议室	18	厨房	10
管理室	18	设备用房	12
员工宿舍	18	机具库	5
卫生间	16	材料库	12

（续）

房间名称	采暖设计温度℃	房间名称	采暖设计温度℃
实验室	18	种子储藏室	12
仪器存放室	14	化肥库	5
储存室	14	药品库	12
标本室	16	温室	16
档案、材料室	16	组培室	16
阅读室	18	基质生产车间	16
展示厅	16	变电所	10
活动室	18	锅炉房	10
走廊	16	消防泵房	5
餐厅	18		

3. 建筑热负荷估算

表 8-4　单体建筑热负荷估算表

名称	建筑物面积（m²）	层数	热指标（W/m²）	热负荷（kW）
1#温室	11173	1	180	2011
2#温室	11157.6	1	180	2008
基质生产车间	1191.6	1	180	214
组培室	1253.5	1	180	225
科研楼	3872.55	3	80	310
员工宿舍及食堂	1650.55	2	80	132
机具库	640	1	60	38
锅炉房	608.85	2	60	37
变电所	196.00	1	60	12
室外管道损失				4987 * 1.1
总计				5486

8.5.3　采暖系统

本设计热源为场区燃煤锅炉。设计 2.8MW 燃煤热水锅炉 2 台。

温室、基质生产车间、组培室采暖系统散热器采用钢制翅片管散热器；其余建筑采暖系统散热器采用灰铸铁柱翼型散热器，采暖管道采用热镀锌钢管，地沟及吊顶内的管道采用柔性泡沫橡塑管壳保温。

8.5.4　通风系统

本设计基质生产车间、组培室、变电所、实验室、餐厅及包间采用机械排风、自然补风系统；后厨采用机械排风、机械补风系统，机械补风量为排风系统的80%；卫生间、公共浴室设置机械排风系统，选用卫生间排气扇；实验室根据具体的实验设备要求设置局部通风系统；温室采用机械排风、自然补风系统，排风量由工艺专业提供；其余建筑及房间均满足自然通风要求，故均采取自然通风方式。具体通风量见表8-5。

表8-5　通风换气次数表

房间名称	排风换气次数（次/h）	房间名称	排风换气次数（次/h）
组培室	3	餐厅	60
基质生产车间	3	餐厅	10
变电所	6	浴室	10
实验室	3	卫生间	10

8.5.5　空调系统

本设计科研楼采用分体空调系统，并预留分体空调电源，其余建筑均不设置空调系统。

8.5.6　防排烟系统

本设计各房间、走廊均满足自然排烟要求，故均采用自然排烟方式进行排烟。

8.5.7　场区管线系统设计

本设计室外管道采用预制直埋保温管，管道采用无缝钢管，管道保温材料采用橡塑泡沫，管道保护采用高密度聚乙烯。

8.5.8　节能设计

1. 本设计室外供暖干管采用预制直埋保温管；室内敷设在暖沟和吊顶内的供暖干管应做保温。
2. 本设计散热器均设置温度调节阀。
3. 本设计每栋建筑均在建筑热力入口处设置热量表，对建筑进行热计量。

8.6　电气设计

8.6.1　设计范围

本工程设计包括电气系统及电子系统。电气系统包括：变配电系统、低压配电系统、照明系统（包括室外照明系统）、防雷保护、安全措施及接地系统；电子系统包括：综合布线系统、有线电视系统、火灾自动报警与消防联动控制系统、视频安防监控系统、主动红外入侵探测型周界防范系统，此外还包括室外电气及电子布线系统。

设计分工及分工界面：电源分界点为 10/0.4 kV 变配电所低压出线端。

8.6.2　电气系统

1. 电力配电系统

（1）负荷等级及各类负荷容量

本工程用电负荷等级均为三级。用电负荷统计见表 8-6。

本工程科研管理与设施育苗区计算负荷有功功率：986 kW；视在功率：877 kVA。根据以上计算结果拟选用 1250 kVA 10/0.4 kV 干式变压器，变压器负荷率为 71%。苗圃区计算负荷有功功率：198 kW；视在功率：220 kVA。根据以上计算结果拟选用 3 台 80 kVA 及 3 台 63 kVA 10/0.4 kV 干式变压器。

表 8-6　用电负荷统计表

序号	建筑名称	建筑面积（m²）	用电指标（W/m²）	计算负荷有功功率（kW）
	科研管理与设施育苗区			
1	科研楼	3872.55	50	195
2	员工宿舍及食堂	1650.55	70	115
3	机具库	640.00		7
4	锅炉房			55
5	变电站	196.00		5
6	温室 1	11173.00		100
7	温室 2	11157.60		100
8	基质生产车间	1191.60		85
9	组培室	1253.50		225
10	消防水池及泵房			35

（续）

序号	建筑名称	建筑面积 （m²）	用电指标 （W/m²）	计算负荷有功功率 （kW）
11	室外照明			20
12	室外动力			44
	小计			986
	大田区			
1	深井泵			198
	小计			198
	合计			1184

（2）供电电源及电压等级

由 10kV 架空线路 T 接后经短段电缆引下至本工程各变电站。

（3）变电所的设置

科研管理与设施育苗区设置变配电所，设置 1250 kVA 10/0.4 kV 干式变压器，为科技楼、员工宿舍及食堂、锅炉房、温室等供电，采用放射式与树干式相结合的供电方式。基地区域面积大，深井泵布置分散，考虑到低压供电距离要求及降低电压损失，故分散设置变压器，低压供电距离约为 250m 左右，设置 3 台 63 kVA 及 3 台 30 kVA 10/0.4 kV 干式变压器。

（4）低压保护装置

低压断路器设过载长延时、短路瞬时保护脱扣器，部分开关设分励脱扣器。

本工程小于 22 kW 的电动机采用直接启动方式；22 kW 以上的电机采用星/三角降压启动方式。

（5）线路型号及敷设方式

高压电源进线端至变配电所采用 YJV22 - 8.7/15kV，3 × 70 mm² 电缆直埋敷设，过道路处穿钢管 SC125 保护。

由变配电所 ~220/380 V 低压出线端采用 YJV22 - 0.6/1 kV 电缆穿水泥管块敷设。

动力配电均采用（ZR）YJV - 0.6/1 kV 或（ZR）BV - 0.45/0.75 kV 穿焊接钢管 SC15 ~ SC100 暗敷设。

（6）设备安装高度

大型配电设备采用落地安装，下设 300 mm 高基础。照明配电箱挂墙明装或墙内暗装，底边距地 1.4 m。

2. 照明系统

（1）照明种类及照度标准

照明种类：照明分为正常照明和应急照明。照度标准按现行国家标准《建筑照明设计标准》执行。

（2）室外照明设计

科研管理与设施育苗区道路照明采用金属杆路灯，光源采用金属卤化物灯，灯具配带节能型电感镇流器和电容补偿，补偿后功率因数大于 0.9。室外照明采用 TT 系统。室外照明采用 ~220V 电压，手动与自动相结合的控制方式，自动时采用时钟控制。

基地采用太阳能路灯，采用 LED 光源，灯具自动控制，拟设置 158 盏太阳能路灯。

（3）应急照明设计

科研管理与设施育苗区科研楼、员工宿舍及食堂、温室、基质生产车间、组培室等建筑物设置疏散应急照明，在疏散走廊、安全出口等处设疏散照明，照度要求大于 0.5lx，采用灯具自带蓄电池供电，持续时间不小于 30min。

科研管理与设施育苗区消防泵房、变电站、消防控制室设置火灾应急照明，照度要求均不低于其正常工作照明的照度，持续供电时间不小于 180min。

3. 防雷系统

（1）本工程按三类防雷措施设防，建筑物电子信息系统雷电防护等级为 C 级。

在建筑屋顶采用 φ10 镀锌圆钢组成不大于 20m × 20 m 或 24m × 16 m 的金属网格作为接闪网；利用建筑物钢筋混凝土柱子内四根 φ12 或两根 φ16 主筋通长焊接作为引下线；接地装置为：基础形式为条形基础的，在条形基础内敷设 40x4 热镀锌扁钢作为人工接地装置，基础形式为独立基础的，在混凝土垫层内敷设 40x4 热镀锌扁钢作为人工接地装置。

（2）为防雷电波侵入，电缆进出线在进出端应将电缆的金属外皮、钢管等与电气设备接地相连。

（3）电子信息系统的各种箱体、壳体机架等金属组件应与建筑物的共用接地网做等电位联结。

4. 接地保护及安全措施

（1）本工程低压系统接地形式为 TN – C – S 系统。

（2）各建筑物的电气设备的工作接地、保护接地、进户电缆重复接地、防雷接地、防静电接地、电子系统接地共用统一的接地装置，要求接地电阻不大于 1Ω，当接地电阻达不到设计要求时应在室外增设人工接地体。

（3）综合布线引入端、有线电视引入端设置过电压保护装置。

（4）在建筑物进线电力配电箱低压进线装设第一级电涌保护器，在层配电箱装设第二级电涌保护器，电子系统电涌保护器由系统承包商负责。

（5）进出建筑物的所有金属管线、电缆外壳均应可靠接地。

（6）凡正常不带电，而当绝缘破坏有可能呈现电压的一切电气设备金属外壳均应可靠接地。

8.6.3 电子系统

1. 有线电视系统

(1)有线电视信号源由当地相关部门引来。在科研管理与设施育苗区员工宿舍及食堂内设置有线电箱系统。本工程的有线电视系统由前端设备、干线、放大器、分支分配器、支线及用户终端组成。系统采用 862 MHz 邻频双向传输，系统输出口的模拟电视信号输出电平要求 $69 \pm 6\mu V$，图像清晰度应在四级以上。

(2)建筑物内由前端箱至分支器箱采用 SYWV75-9 同轴电缆沿金属线槽敷设，由分支器箱至电视终端插座采用 SYWV75-5 同轴电缆穿钢管沿地面、墙暗敷设。

2. 综合布线系统

(1)综合布线系统包括语言信号、数据信号的配线。本工程综合布线系统的语言和数据信号由当地电信模块局引来。系统由工作区、配线子系统、干线子系统组成。

(2)科研管理与设施育苗区建筑物内的办公室、实验室部分按每 5 m^2 一组(语音+数据)信息点考虑；会议室按每 10 m^2 一组(语音+数据)信息点考虑；其他场所根据需要设置一定数量的信息点或语音点。

(3)配线子系统：采用铜芯非屏蔽 4 对对绞线(UTP)按 E 级 6 类的标准布线到每个工作区。所有水平缆线的长度均不能超过 90 m。

(4)干线子系统：干线采用 6 芯 50 μm 多模光纤，用于通信速率要求高的计算机网络；语音干线采用 3 类大对数电缆。

(5)本工程计算机和电话采用非屏蔽综合布线系统，线缆沿金属线槽敷设或穿镀锌钢管敷设。

3. 火灾自动报警系统

(1)本工程科研管理与设施育苗区科研楼及员工宿舍及食堂设置火灾自动报警系统，其保护对象等级按二级设置，消防控制室设置在科研管理与设施育苗区科研楼首层，与安防监控室合用。

(2)消防控制室的报警控制设备由火灾报警控制主机、联动控制台、消防直通对讲电话设备和电源设备等组成。

(3)消防控制室可接收感烟、感温、可燃气体探测器的报警信号及手动报警按钮动作信号。消火栓按钮动作后，直接启动消火栓泵，消防控制室能显示报警部位并接收其反馈信号。动力配电总箱内设有分励脱扣器，由消防控制室在火灾确认后断开相关电源。

(4)每个防火分区分别敷设火灾报警线、通信线、火警电话线、DC24 V 电源线。在报警总线上联接着带地址编码的感烟探测器、感温探测器、可燃气体探测器、声光报警器、手动报警按钮等。

(5)火灾自动报警线路及 50 V 以下的供电线路、控制线路均采用耐火导线或电缆，穿热镀锌钢管暗敷时保护层厚度不应小于 30 mm。明敷设或在吊顶内的管线、金属线槽作防火处理。

4. 视频安防监控系统

（1）安防监控室设置在科研管理与设施育苗区科研楼内，与消防控制室合并设置。系统由前端(摄像机)、传输、处理/控制和记录/显示设备(硬盘录像、监视器等)组成。中心控制设备安装在安防监控室内。

（2）前端设备设置应满足下列要求：基地内各主、次要入口均设置室外型一体化网络摄像机。终端摄像机采用 ~220 V 电源供电。安防监控室内配备 UPS 电源装置。

（3）室外传输线缆采用六芯多模光纤传输，穿高强度 PVC 管埋地敷设。

5. 主动红外入侵探测型周界防范系统

本工程设置主动红外入侵探测型周界防范系统。在基地四周围墙上设置主动红外入侵探测器，200 m 左右设置一个防区，每个防区设置 1 套探测器。由于周界长度较长，主干采用光纤传输，信号传至科研管理与设施育苗区科研楼一层安防监控室内，中心控制设备与视频安防监控系统合用 UPS 电源装置。

电子系统由承包商成套供货，并负责安装、调试。

8.6.4　电气节能和环保

1. 变电站深入负荷中心，用电负荷供电半径控制在 250m 内，以减少电缆负荷损耗。

2. 合理确定变压器容量，变压器均采用 DYn11 型结线、低损耗、低噪声节能变压器，采用大干线配电的方式，减少线损，同时合理选用配电形式减少配电环节。

3. 无功功率因数的补偿采用集中补偿和分散就地补偿相结合的方式，变电所低压处设置集中补偿(预留滤波设备的安装位置)，补偿后的功率因数不小于 0.9。荧光灯、金卤灯等采用就地补偿，选择电子镇流器或节能型高功率因数电感镇流器，荧光灯、气体放电灯单灯功率因数不小于 0.9。当采用合理的功率因数补偿及谐波抑制措施后，可减少电子设备对低压配电系统造成的谐波污染，提高电网质量，降低对上级电网的影响，并降低自身损耗。

4. 根据照明场所的功能要求确定照明功率照度密度值，且必须符合《建筑照明设计标准》(GB50034-2004)的要求设计。

5. 采用高效光源、高效灯具。一般工作场所采用细管径直管荧光灯和紧凑型荧光灯。

6. 选用绿色、环保且经国家认证的电气产品。在满足国家规范及供电行业标准的前提下，选用高性能及采用谐波电流发射限值先进技术的变压器及相关配电设备，选用高品质电缆、电线降低自身损耗。

7. 本工程采用高压计量，低压设电力分表，供内部核算。

8.7 防护林带

为了避免苗木遭受风沙危害、冻害等，四周设置主防护林带，长度8689 m，面积19.07 hm²；在内部干道和支道两侧或一侧设辅助防护林带。

防护林带的结构：乔、灌混交半透风式。为了保护圃地避免兽、禽危害，林带下层可设计种植带刺且萌芽力强的小灌木和绿篱。

林带宽度和密度：主防护林带宽12 m，株距1.5 m~2.0 m，行距2.0 m~3.0 m。

树种选择的原则：选用适应性强，生长迅速，树冠高大的乡土树种。同时采用速生和慢长、常绿和落叶、乔木和灌木、寿命长和寿命短的树种相结合。

林带树种：银中杨、小黑杨、新疆杨、樟子松、榆树等。

8.8 围墙

基地四周建设围墙，采用铁艺栅栏，墙高2.5 m，基座砖砌结构，长度8689 m。

8.9 基地绿化美化

8.9.1 科研管理区和设施育苗区绿化

绿化面积11650 m²。绿化美化树种选择白杆、青杆、元宝枫、鸡爪槭、花楸、连翘、丁香、木槿等，树下片植一串红、菊花等花卉和草坪。

8.9.2 道路绿化

道路是沟通各种功能区的纽带，是游赏路线的载体。根据各区的功能和性质，安排本基地的特色植物，每一路段一个树种，展示出一幅连续的富有韵律的动态画卷，在道路的折转处，配置高低错落的花境，注意不影响通视和车辆、游人安全。在步道两旁景色秀丽处，有景则开，无景则封，避免景观的乏味单调，做到春有花、夏有荫、秋有果、冬有绿。主干路两侧行道树采取乔灌结合的配置方式，产生流动的空间效果，主要种植白杆、青杆、花楸、丁香、连翘、榆叶梅、木槿为主，株间距6 m，丛中株距3 m；支路绿带着重配植东北特色树种桧柏、榆树、等，株间距4m，；步道丛植丁香、棣棠、等花灌木，丛中距3 m。

干道两侧行道树采取乔灌结合的配置方式建成景观大道，在道路两侧分别种植2行乔木行道树，每路一品，主要种植白杆、青杆、花楸、丁香、连翘、榆叶梅、木槿、紫叶李、山桃、山杏、稠李，株间距 6 m，丛中株距 3 m，树下栽植草坪；支道道路两侧分别种植 1 行乔木作为行道树，种植桧柏、榆树、花楸、丁香、连翘、榆叶梅、木槿、紫叶李、山桃、山杏、稠李等，株间距 4 m，每路一品；环路道路两侧分别种植 1 行乔木作为行道树，种植白杆、青杆、花楸、丁香、紫叶李等，株距 3 m。

第9章　组织机构与经营管理

9.1　管理体制和运行机制

示范基地建成后，由市园林局直接领导，组建"哈尔滨市种苗科研示范基地"独立事业法人；实行"事业单位，企业化管理"，建立现代企业管理模式和运行机制，实行独立核算、自主经营、自负盈亏。

9.2　组织机构

示范基地管理机构本着"精干、高效、合理"的原则设置。示范基地设主任1名，负责全面工作；副主任2名，总工程师和总会计师各1名，主管示范基地的科研、生产、营销与财务管理工作；示范基地下设生产部、技术开发部、市场营销部、计财部、行政管理部。各部门的主要职能如下：

生产部：主要负责种苗繁育生产、质量检验及示范基地经营管理工作。

技术开发部：主要负责科技成果和高新技术的引进、应用以及研究开发，同时负责科技培训、对外技术交流、示范、推广服务工作。

市场营销部：主要负责示范基地种苗、特色旅游和多种经营的市场开发销售与售后服务工作。

计财部：主要负责计划、财务及资金管理工作。

行政管理部：主要负责人事、行政、文秘、后勤以及接待、服务工作。

9.3　基地定员

基地采用全员职工合同制，领导干部聘任制。立足哈尔滨市、面向全国招聘优秀科研与管理人才，实行竞争和聘任上岗、按岗定薪、按劳付酬的原则，对有重大科研成果和特殊贡献的人才给予优惠待遇；示范基地直接生产工人主要在当地面向社会招聘临时工。示范基地所有员工必须经过不同形式的专业培训后方能上岗。

　　根据职能机构设置的要求和示范示范基地的经营特点，本着精兵减政、提高效率的原则核定示范基地员工共 62 人。另外根据示范基地生产季节性强的特点，安排部分季节工，不列入正式员工系列。

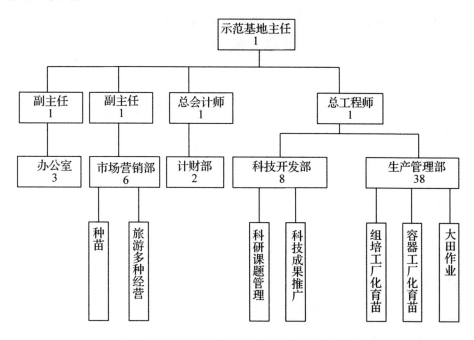

哈尔滨市种苗科研示范基地组织管理机构示意图

9.4　技术档案

9.4.1　基本要求

　　1. 对苗圃生产、试验和经营管理的记载，必须长期坚持，实事求是，保证资料的系统性、完整性和准确性。

　　2. 在每一生产年度末，应收集汇总各类记载资料，进行整理和统计分析，为下一年度生产经营提供准确的数据和报告。

　　3. 应设专职或兼职档案管理人员，专门负责苗圃技术档案工作，人员应保持稳定，如有工作变动，要及时做好交接工作。

9.4.2　主要内容

1. 苗圃基本情况档案

　　主要包括苗圃的位置、面积、经营条件、自然条件、地形图、土壤分布图、基地区划图、固定资产、仪器设备、机具、车辆、生产工具以及人员、组织机构等情况。

2. 苗圃土地利用档案

以作业区为单位，主要记载各作业区的面积、苗木种类、育苗方法、整地、改良土壤、灌溉、施肥、除草、病虫害防治以及苗木生长质量等基本情况。

3. 育苗技术措施档案

以树种为单位，主要记载各种苗木从种子、插条、接穗等繁殖材料的处理开始，直到起苗、假植、贮藏、包装、出圃等育苗技术操作的全过程。

4. 苗木生长发育调查档案

以年度为单位，定期采用随机抽样法进行调查，主要记载苗木生长发育情况。

5. 气象观测档案

以日为单位，主要记载苗圃所在地每日的日照长度、温度、降水、风向、风力等气象情况。

6. 科学试验档案

以试验项目为单位，主要记载试验的目的、试验设计、试验方法、试验结果、结果分析、年度总结以及项目完成的总结报告等。

7. 苗木销售档案

主要记载各年度销售苗木的种类、规格、数量、价格、日期、购苗单位及用途等情况。

第 10 章 投资估算与效益分析

10.1 估算依据

（1）《投资项目经济咨询评估指南》（中国国际工程咨询公司，2000）；

（2）《建设项目经济评价方法与参数（第三版）》（国家发展改革委建设部，2006）；

（3）《2010 年黑龙江省建设工程计价依据编制说明、补充定额及有关问题解释》（黑龙江科学技术出版社，2013 年）；

（4）询价资料。

10.2 估算范围

本估算由苗木培育和大田生产示范、示范基地灌溉工程与田间给排水工程、温室工程、附属工程和综合管理区及工厂化育苗区土建工程等概算汇总。

10.3 投资估算

根据示范基地建设内容及规模，经计算，项目建设总投资为 24561.02 万元，其中基本建设投资为 17880.02 万元，占总投资的 72.80%；铺底流动资金 6681.00 万元，占总投资的 27.20%。

基本建设投资中：工程建设直接费用 15577.75 万元，占基本建设投资 87.12%；工程建设其它费用 1450.84 万元，占基本建设投资的 8.11%；基本预备费 851.43 万元，占基本建设投资的 4.76%。

工程建设直接费用中：科研与管理服务区 6161.21 万元，占基本建设投资 39.55%；大田育苗区 76.09 万元，占基本建设投资 0.49%；丁香与珍贵树种培育展示区 55.65 万元，占基本建设投资 0.36%；水生植物与科普体验区 180.44 万元，占基本建设投资 1.16%；科学试验区 20.14 万元，占基本建设投资的 0.13%；附属配套工程 9084.22 万元，占基本建设投资的 58.31%。

基本建设投资中：建安工程为 13873.80 万元，占基本建设投资的 77.60%；设备购置费为 1365.03 万元，占基本建设投资的 7.63%；其它 2641.20 万元，占基本建设投资的 14.77%。

表 10-1　哈尔滨市种苗科研示范基地基本建设投资估算表　　　　单位：万元

序号	建设项目	投资额	投资额		
			建安工程	设备	其它
合计		17880.02	13873.80	1365.03	2641.20
一	工程建设直接费用	15577.75	13873.80	1365.03	338.93
1	科研管理与设施育苗区	6161.21	5633.44	527.77	
2	大田优质苗木培育区	76.09	17.73	58.36	
3	丁香与珍贵树种展示区	55.65	55.65		
4	水生植物与科普体验区	180.44	180.44		
5	科学试验区	20.14	20.14		
6	附属配套工程	9084.22	7966.40	778.90	338.93
二	工程建设其它费用	1450.84			1450.84
1	建设单位管理费	157.62			157.62
2	可研报告编制费	34.55			34.55
3	设计费	448.13			448.13
4	施工图审查费	2.30			2.30
5	竣工图费	35.85			35.85
6	地质勘探费	44.81			44.81
7	城市基础设施配套费	128.95			128.95
8	防空地下室易地建设费	29.27			29.27
9	工程建设监理费	314.23			314.23
10	招投标代理服务费	33.34			33.34
11	招投标交易服务费	19.09			19.09
12	造价咨询和审计费	155.78			155.78
13	环境影响报告费	12.66			12.66
14	工程保险费	34.27			34.27
三	基本预备费	851.43			851.43

哈尔滨市种苗科研示范基地基本建设投资估算详见附表 1（略），铺底流动资金估算详见附表 8（略）。

10.4 经济效益评价

10.4.1 基础数据

1. 各类种苗单位平均价格，详见附表5(略)；
2. 林木种苗免征农林特产税。

10.4.2 财务分析

1. 经营收入测算

示范基地达到正常经营水平时，年经营收入为4720.0万元，详见附表5(略)。

2. 总成本估算

示范基地达到正常经营水平时，年总成本费用为3061.4万元，其中年经营成本1920.6万元，详见附表3(略)。

3. 利润测算

在经营期内18年，累计经营收入80358.5万元，累计实现利润总额为26471.4万元。正常年收入为4645万元，年利润1583.6万元，详见附表6(略)。

4. 财务分析

经财务现金流量分析与计算，各项评价指标如下：财务内部收益率8.7%，财务净现值($I_c=8\%$)时1167万元，投资回收期(含建设期)12.8年，详见附表7(略)。

10.4 生态效益评价

基地建成后将为哈尔滨市增加一片林地，森林可不仅能保持水土，净化空气，减少污染，而且能吸收和降低噪音。园林绿化苗木产业既是高效农业，也是有益于绿化环境、美化生活、提高城市品位的产业，大力发展园林绿化苗木对美化哈尔滨城市环境以及建设生态文明城市等都具有十分重要的意义。

10.5 社会效益评价

10.5.1 增加就业机会，提高农民收入

基地建成后管理人员和技术人员将以哈尔滨园林系统原有苗圃工作人员为主。另外，还需聘请一些专业学校毕业学生和有经验的本行业专家，其余普通员工，将优先选择所在

地的农民或下岗失业人员。这样在所有原苗圃职工全部能够安置的情况下，根据苗圃苗木生产的需要还可以吸纳一些大专院校毕业生和农村剩余劳动力。通过推动应用科学技术，农民群众的劳动能力和科学文化素质得到提高，从而实现"科技兴农"目标。

10.5.2　在城乡绿化美化中起到示范和支撑作用

随着哈尔滨城乡园林绿化、生态建设的快速推进，苗木需求量大幅度增加，供求矛盾突出，不仅导致价格不断攀升，而且大量的绿化树种需要从省外调入。为加快苗木产业发展，通过建设哈尔滨市种苗科研示范基地建设对于进一步完善城市园林绿化体系，全面提高城市园林绿化水平，实现城市生态环境与经济社会协调、可持续发展具有重要的示范和支撑作用。

10.5.3　促进美丽冰城和生态文明建设

哈尔滨处在快速发展阶段，园林绿化的基础相对薄弱，可以直接服务于城市绿化的园林苗木及技术储备不足，在这种情况下，急需建立种苗生产基地。基地的建成既能改善哈尔滨市园林绿化现状，显著提高城市园林绿化的质量与品质，又能做到适地适花，充分体现当地的风土乡情。同时基地建设又可吸收大批下岗人员就业，有效地减少城乡的待业青年和剩余劳力，有利于社会文明和安定，促进美丽冰城和生态文明建设。

附图1 哈尔滨市种苗科研示范基地区位图

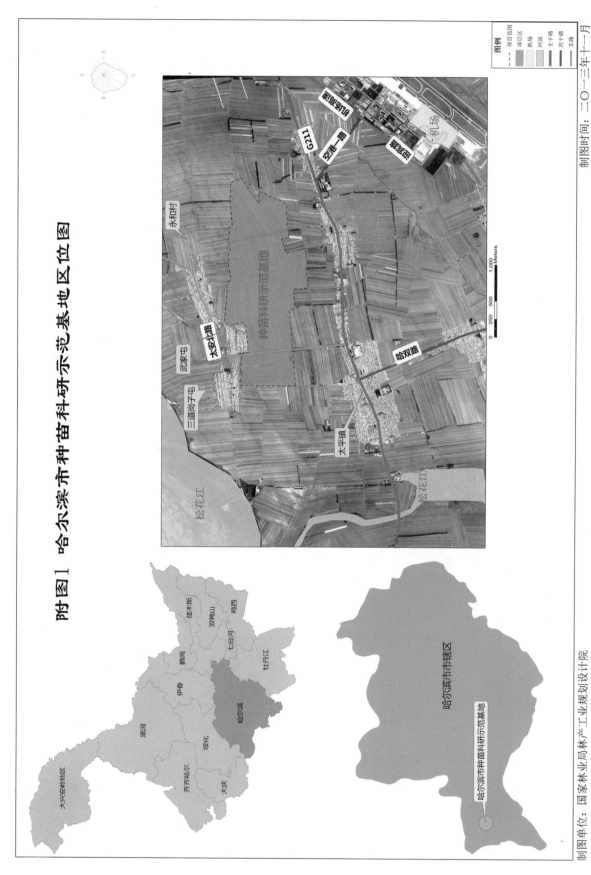

图例

项目范围
项目区
机场
河流
主干路
次干路
支路

松花江

永和村

种苗科研示范基地

武家屯

太安北路

三道岗子屯

太平镇

松花江

路双路

空港一路

G211

机场路辅路

机场

物流区

大兴安岭地区

黑河

齐齐哈尔

伊春

绥化

鹤岗

佳木斯

双鸭山

鸡西

七台河

牡丹江

大庆

哈尔滨

哈尔滨市市辖区

哈尔滨市种苗科研示范基地

0 250 500 1,000
Meters

制图单位: 国家林业局林产工业规划设计院

制图时间: 二〇一三年十一月

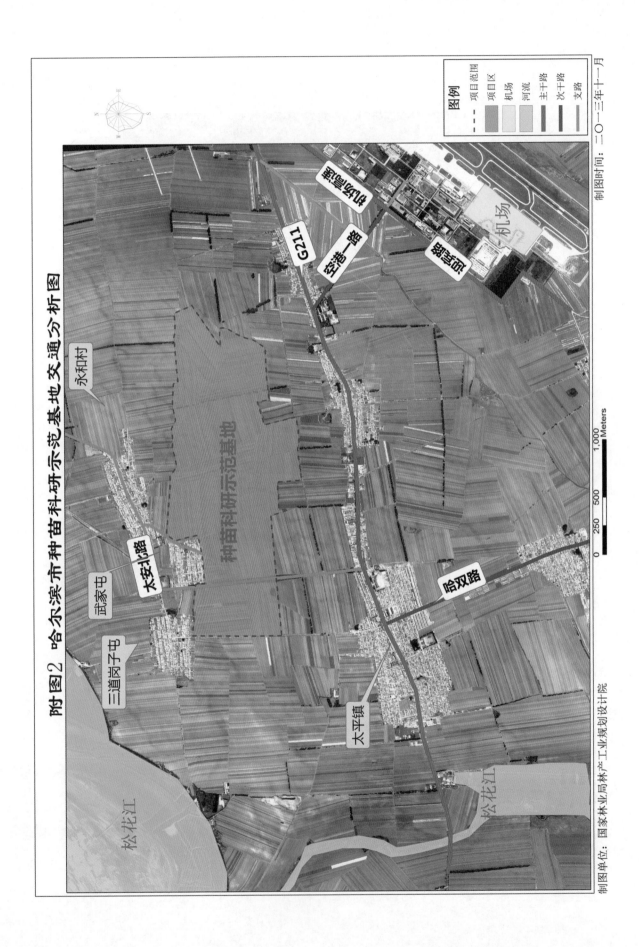

附图2 哈尔滨市种苗科研示范基地交通分析图

图例

项目范围
项目区
机场
河流
主干路
次干路
支路

种苗科研示范基地

永和村

武家屯

三道岗子屯

太安北路

太平镇

松花江

松花江

合双路

G211

空港一路

呼兰县

机场

碧落湖

0 250 500 1,000
Meters

制图单位：国家林业局林产工业规划设计院

制图时间：二○一三年十一月

2

附图3　哈尔滨市种苗科研示范基地总平面设计图

制图单位：国家林业局林产工业规划设计院　　　　比例尺　　1：8000　　　　制图时间：二○一三年十一月

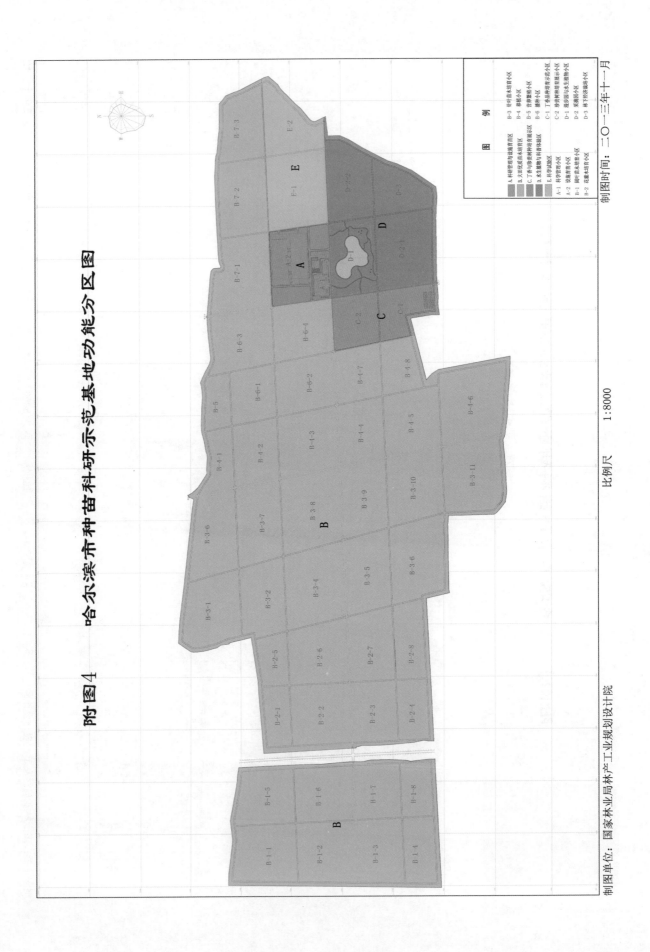

附图4 哈尔滨市种苗科研示范基地功能分区图

制图单位：国家林业局林产工业规划设计院

比例尺   1：8000

制图时间：二〇一三年十一月

图 例

A.科研繁殖与设施培育区   B-3 针叶苗木培育小区
B.大田良种苗木培育区   B-4 移栽小区
C.丁香与珍贵树种培育展示区 B-5 容器繁殖小区
D.水生植物与科研体验区   B-6 播种小区
E.科学试验区   C-1 丁香品种培育展示小区
A-1 科学管理小区   C-2 珍贵树种培育展示小区
A-2 设施培育小区   D-1 滨岸园与水生植物小区
B-1 阔叶苗木培育小区   D-2 采摘园小区
B-2 花卉苗木培育小区   D-3 林下经济栽种小区

4

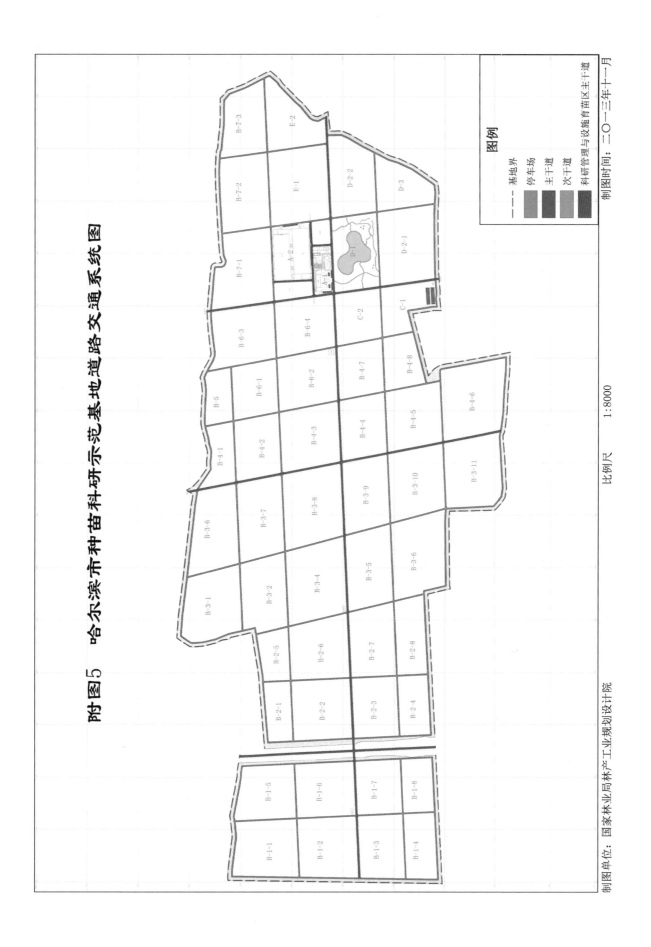

附图5 哈尔滨市种苗科研示范基地道路交通系统图

图例

- - - 基地界
　　停车场
　　主干道
　　次干道
　　科研管理与设施育苗区主干道

制图时间：二O一三年十一月

制图单位：国家林业局林产工业规划设计院　　　　比例尺　　　　1:8000

5

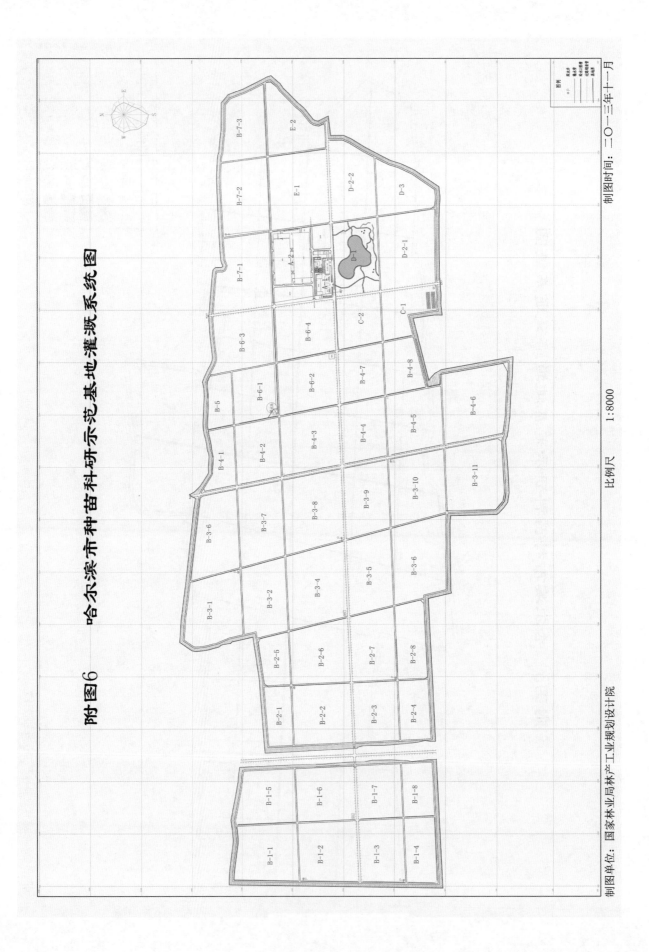

附图6　哈尔滨市种苗科研示范基地灌溉系统图

制图单位：国家林业局林产工业规划设计院　　　比例尺　　1：8000　　　制图时间：二〇一三年十一月

B-7-3
E-2
B-7-2
E-1
D-2-2
D-3
B-7-1
A-2区
D-2-1
D-1
C-1
B-6-3
B-6-4
C-2
B-5
B-6-1
B-6-2
B-4-7
B-4-8
B-4-1
B-4-2
B-4-3
B-4-4
B-4-5
B-4-6
B-3-6
B-3-7
B-3-8
B-3-9
B-3-10
B-3-11
B-3-1
B-3-2
B-3-4
B-3-5
B-3-6
B-2-5
B-2-6
B-2-7
B-2-8
B-2-1
B-2-2
B-2-3
B-2-4
B-1-5
B-1-6
B-1-7
B-1-8
B-1-1
B-1-2
B-1-3
B-1-4

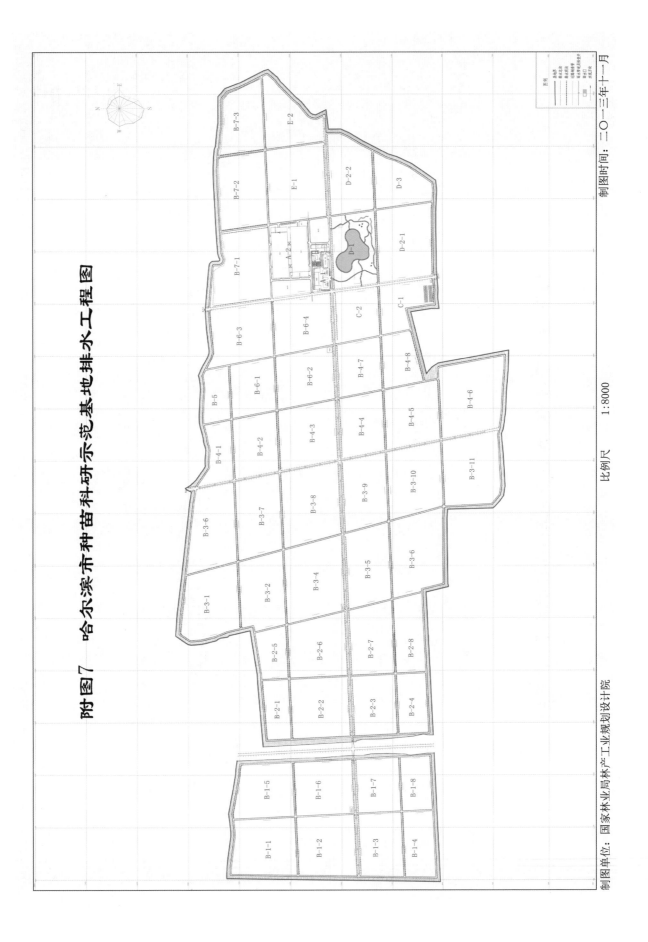

附图7 哈尔滨市种苗科研示范基地排水工程图

制图单位：国家林业局林产工业规划设计院　　　比例尺　　1:8000　　制图时间：二O一三年十一月

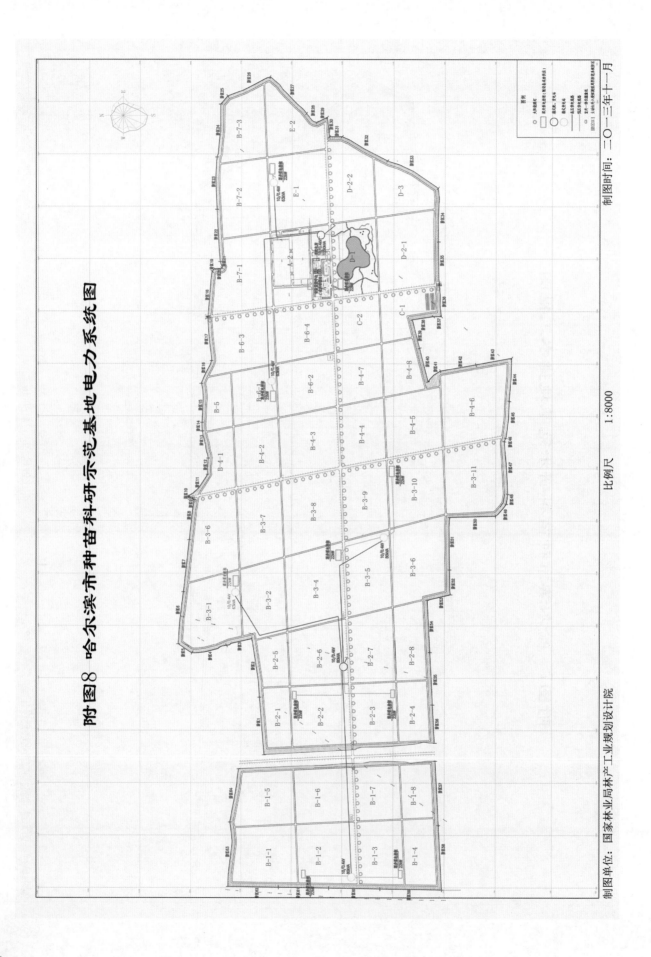

附图8 哈尔滨市种苗科研示范基地电力系统图

比例尺　　　1:8000

制图时间：二〇一三年十一月

制图单位：国家林业局林产工业规划设计院

附图9 哈尔滨市种苗科研示范基地鸟瞰效果图

制图单位：国家林业局林产工业规划设计院

制图时间：二〇一三年十一月

附图10 哈尔滨市种苗科研示范基地科研管理与设施育苗区鸟瞰效果图

制图单位：国家林业局林产工业规划设计院

制图时间：二〇一三年十一月

10

附图11　哈尔滨市种苗科研示范基地科研楼、员工宿舍及食堂效果图

制图单位：国家林业局林产工业规划设计院

制图时间：二〇一三年十一月

附图12 哈尔滨市种苗科研示范基地科研管理与设施育苗区总平面图

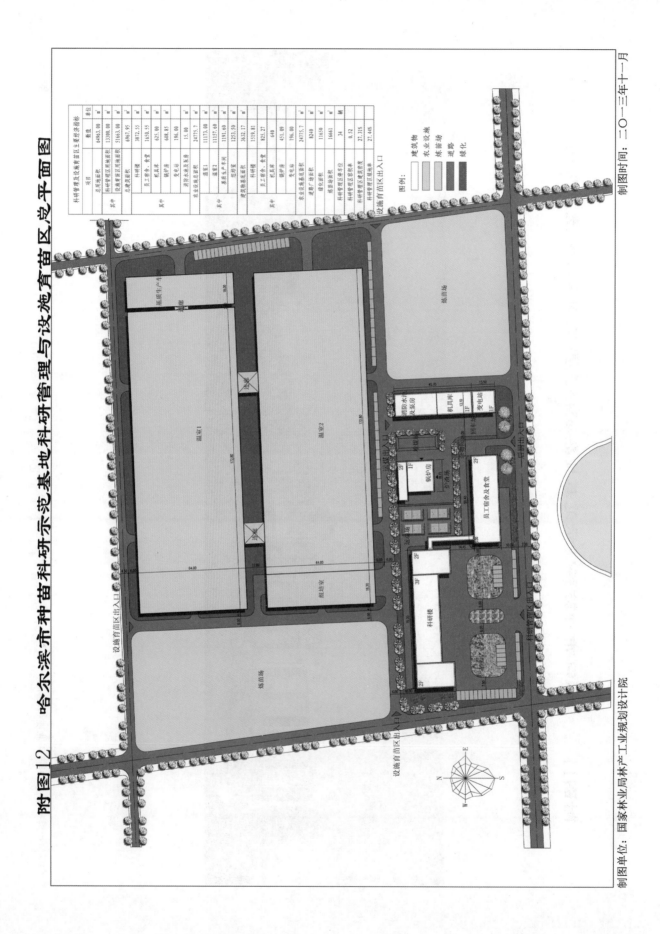

科研管理及设施育苗区主要经济指标		
项目	数值	单位
总用地面积	64963.00	㎡
其中 设施育苗区用地面积	13300.00	㎡
科研管理区用地面积	51663.00	㎡
总建筑面积	6967.95	㎡
其中 员工宿舍、食堂	3972.55	㎡
机具库	1650.55	㎡
锅炉房	625.00	㎡
变电站	608.85	㎡
消防水池及泵房	196.00	㎡
农业设施总面积	15.00	㎡
其中 温室1	24775.7	㎡
温室2	11173.00	㎡
组培室	11157.60	㎡
建筑基底面积	1191.60	㎡
基质生产车间	1253.59	㎡
科研楼	3632.17	㎡
其中 员工宿舍、食堂	1519.81	㎡
机具库	640	㎡
锅炉房	825.27	㎡
变电站	451.09	㎡
农业设施基底面积	196.00	㎡
道路广场面积	24775.7	㎡
绿化面积	8240	㎡
科研管理区停车位	16661	㎡
科研管理区停车率	34	辆
科研管理区建筑密度	0.52	
科研管理区绿地率	27.31%	
	27.44%	

图例：
建筑物
农业设施
炼苗场
道路
绿化

制图单位：国家林业局林产工业规划设计院   制图时间：二〇一三年十一月

附图13 哈尔滨市种苗科研示范基地科研管理与设施育苗区功能分区图

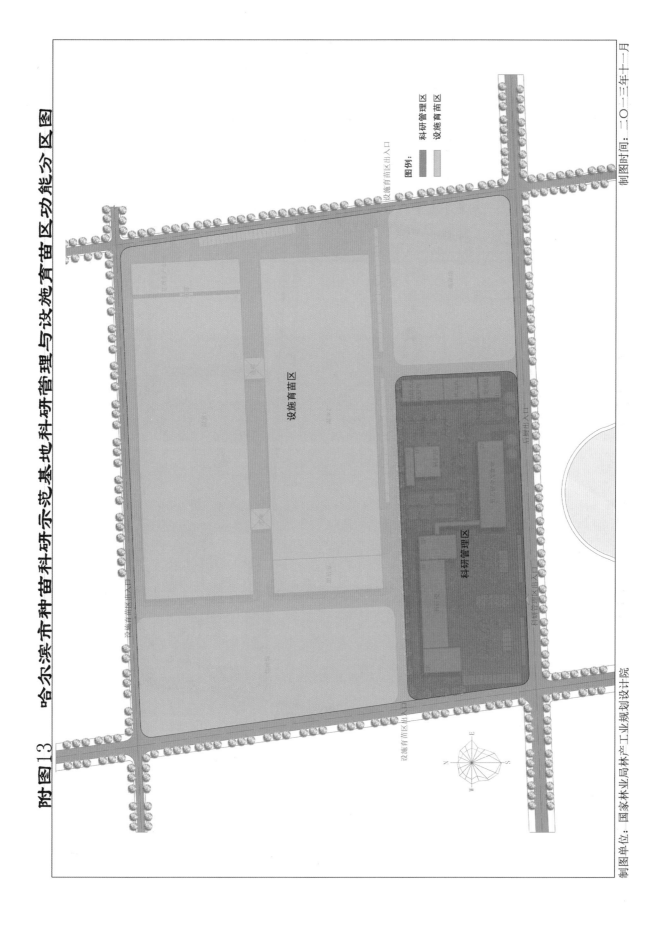

图例：
科研管理区
设施育苗区

设施育苗区出入口

设施育苗区

科研管理区

制图单位：国家林业局林产工业规划设计院

制图时间：二〇一三年十一月

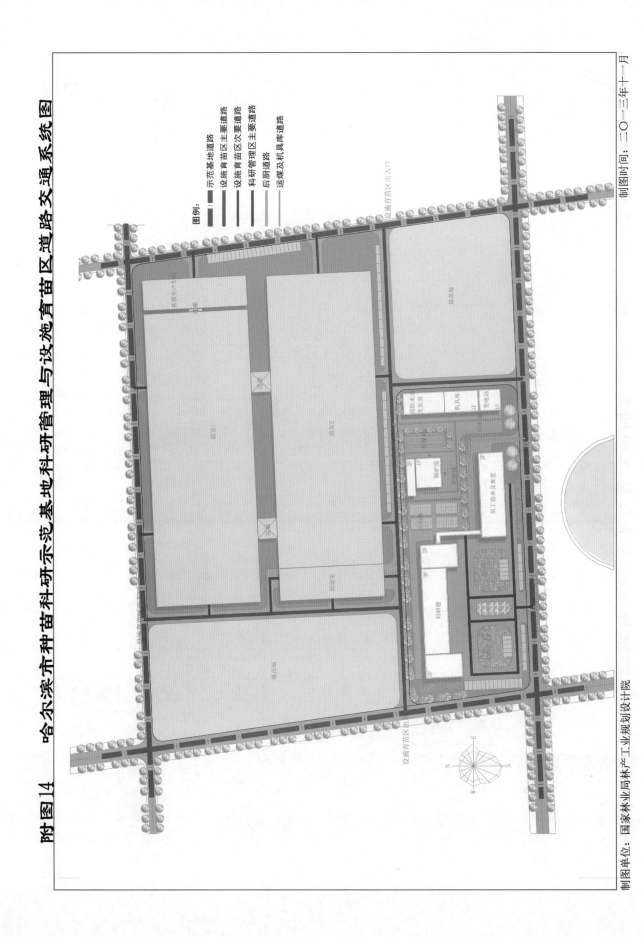

附图14 哈尔滨市种苗科研示范基地科研管理与设施育苗区道路交通系统图

制图单位：国家林业局林产工业规划设计院

制图时间：二〇一三年十一月

附图15 哈尔滨市种苗科研示范基地科研管理与设施育苗区绿化分析图

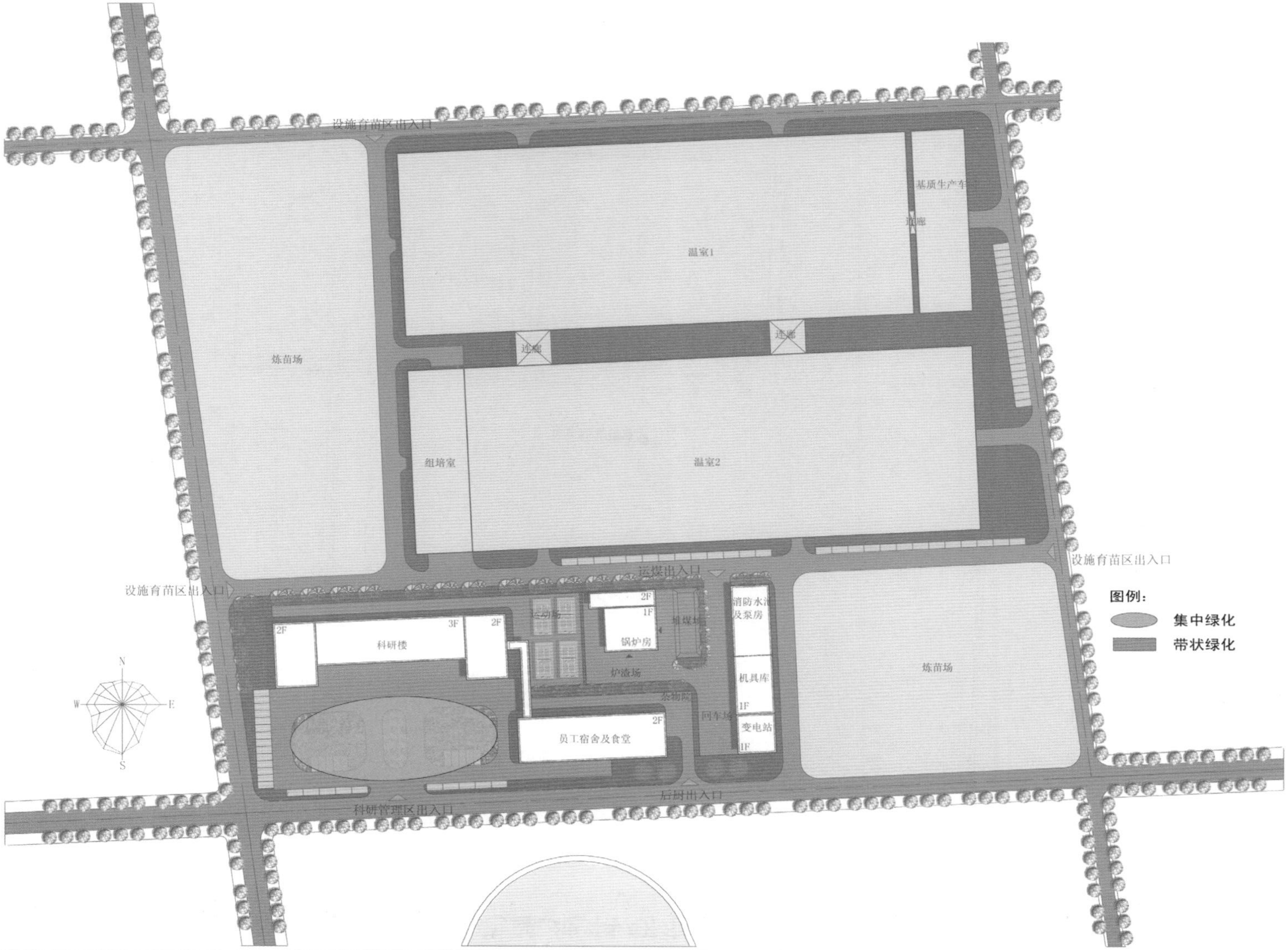

图例:
集中绿化
带状绿化

设施育苗区出入口

温室1

温室2

组培室

炼苗场

炼苗场

基质生产车间
堆料

消防水池
及泵房

机具库 1F

变电站 1F

门卫 2F

锅炉房 1F

护后区

员工宿舍及食堂 2F

科研楼 3F

2F

设施育苗区出入口

科研管理区出入口

标本区出入口

制图单位: 国家林业局林产工业规划设计院　　　　　　制图时间: 二〇一三年十一月

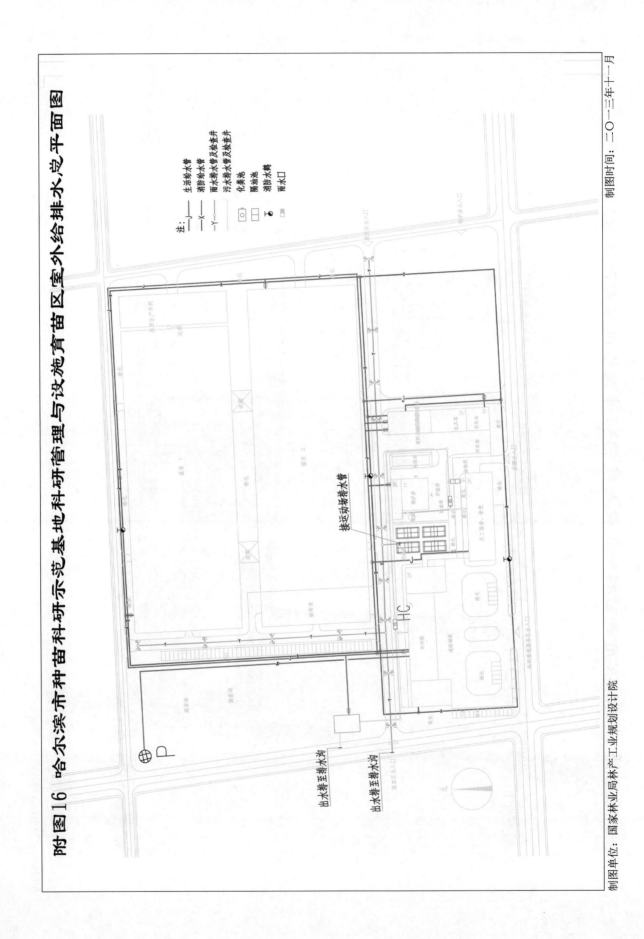

附图16 哈尔滨市种苗科研示范基地科研管理与设施育苗育苗区室外给排水总平面图

制图单位：国家林业局林产工业规划设计院　　　　　　　　　　　　　　　　　　　　　　　制图时间：二〇一三年十一月

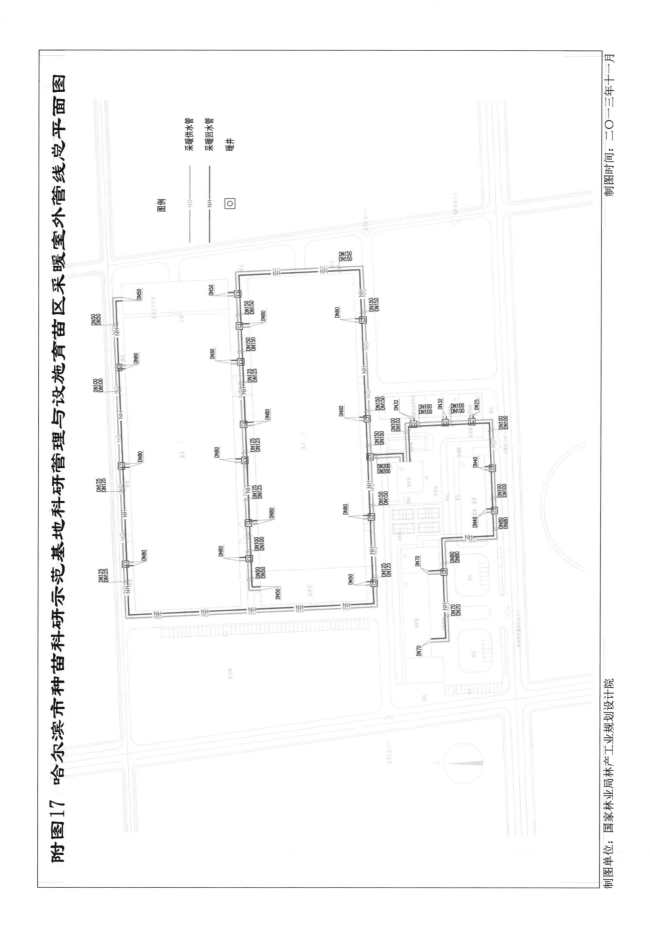

附图17 哈尔滨市种苗科研示范基地科研管理与设施育苗区采暖室外管线总平面图

图例

——NG—— 采暖供水管

——NH—— 采暖回水管

○ 暖井

制图单位：国家林业局林产工业规划设计院　　　　制图时间：二〇一三年十一月

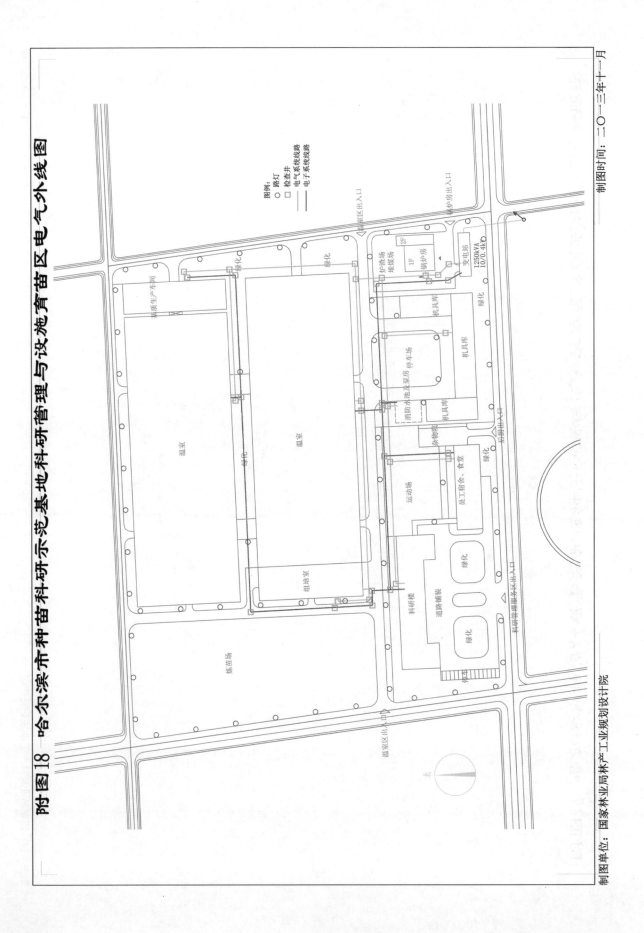

附图18 哈尔滨市种苗科研示范基地科研管理与设施育苗区电气外线图

图例：
○ 路灯
□ 检查井
—— 电气系统线路
—— 电子系统线路

制图单位：国家林业局林产工业规划设计院　　　　　　制图时间：二〇一三年十一月

18

附图19 哈尔滨市种苗科研示范基地科研楼首层平面图

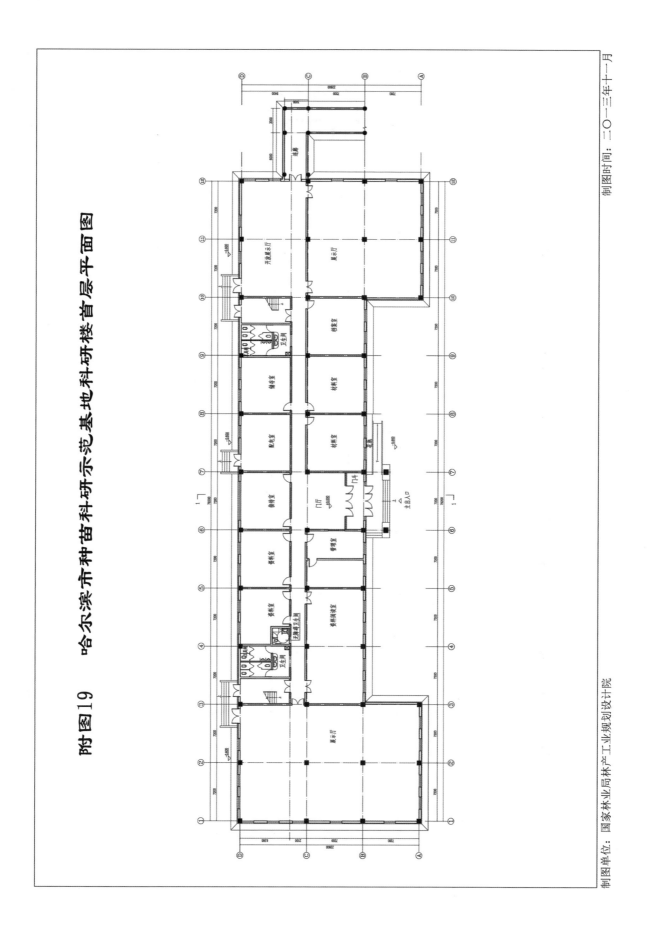

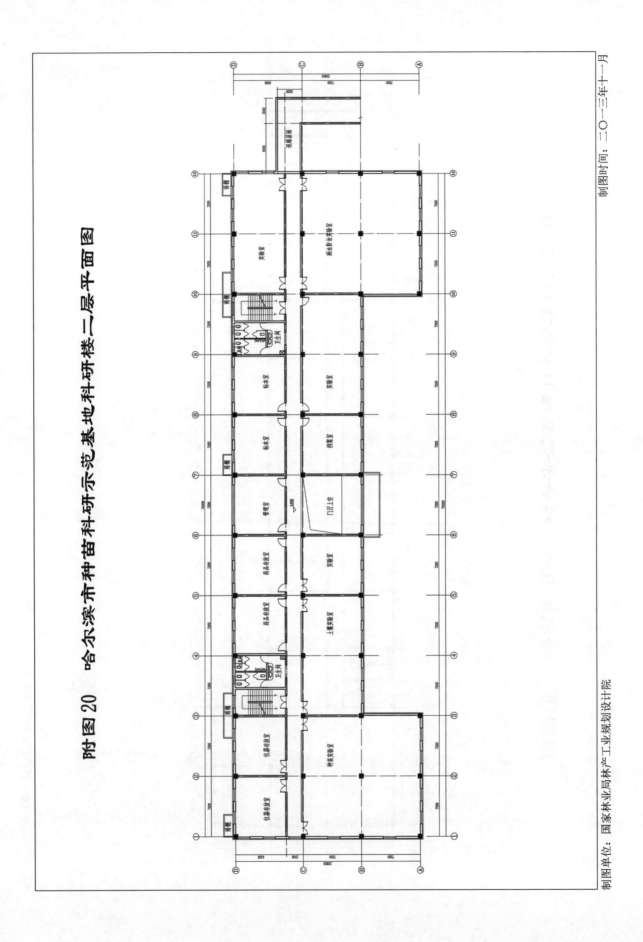

附图 20 哈尔滨市种苗科研示范基地科研楼二层平面图

制图单位：国家林业局林产工业规划设计院

制图时间：二〇一三年十一月

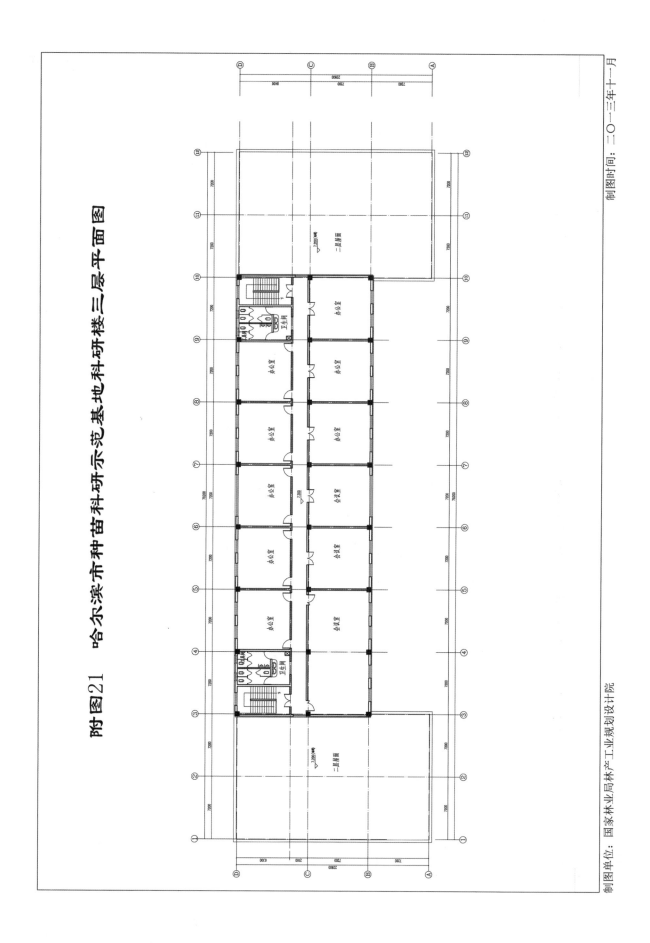

附图21 哈尔滨市种苗科研示范基地科研楼三层平面图

制图单位：国家林业局林产工业规划设计院

制图时间：二〇一三年十一月

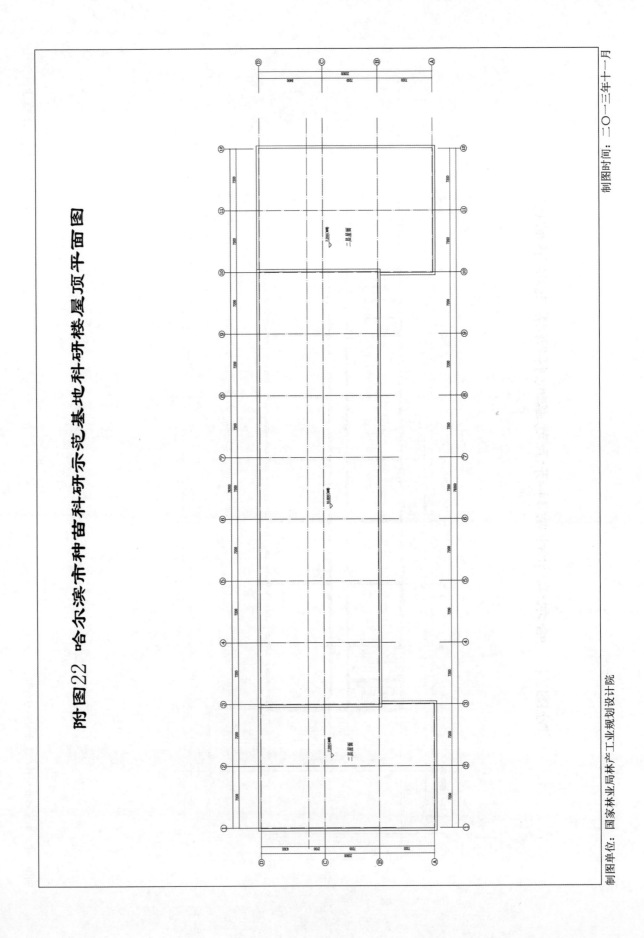

附图22 哈尔滨市种苗科研示范基地科研楼屋顶平面图

制图单位：国家林业局林产工业规划设计院

制图时间：二○一三年十一月

附图23 哈尔滨市种苗科研示范基地科研楼立剖面图

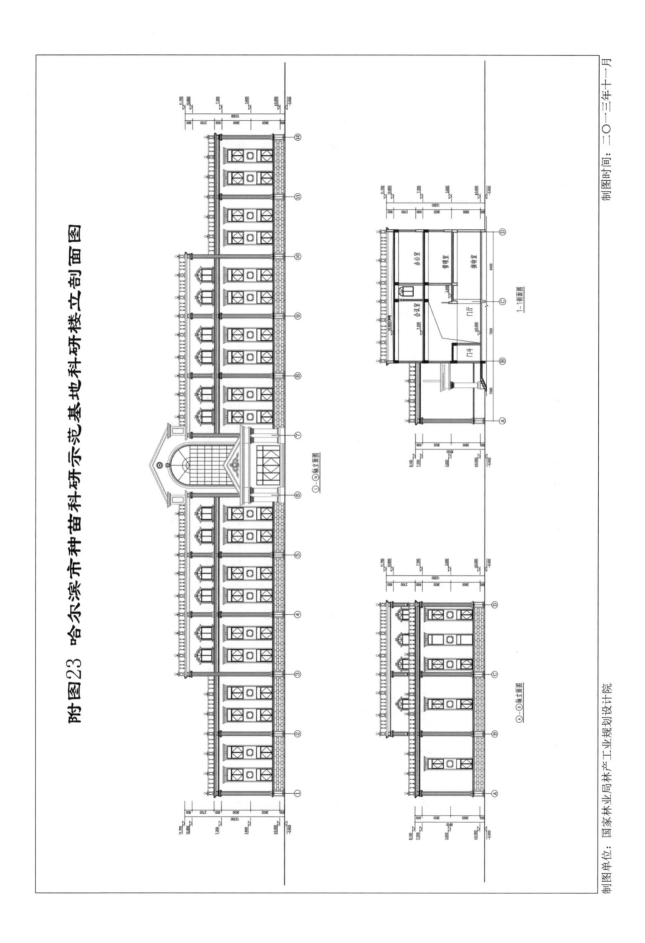

制图单位：国家林业局林产工业规划设计院　　　　制图时间：二〇一三年十一月

附图24 哈尔滨市种苗科研示范基地员工宿舍及食堂首层平面图

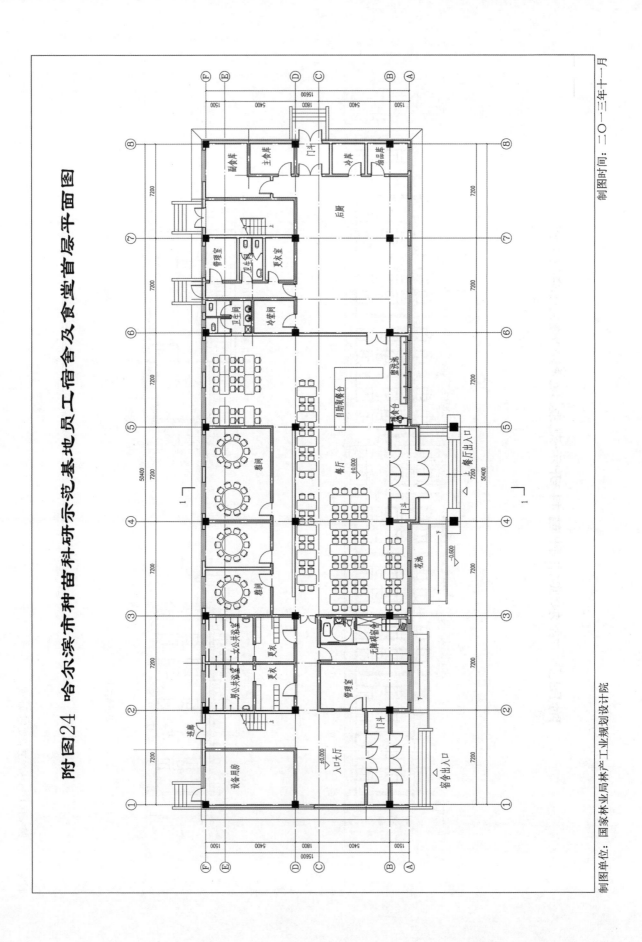

制图时间：二O一三年十一月

制图单位：国家林业局林产工业规划设计院

附图25 哈尔滨市种苗科研示范基地员工宿舍及食堂二层平面图

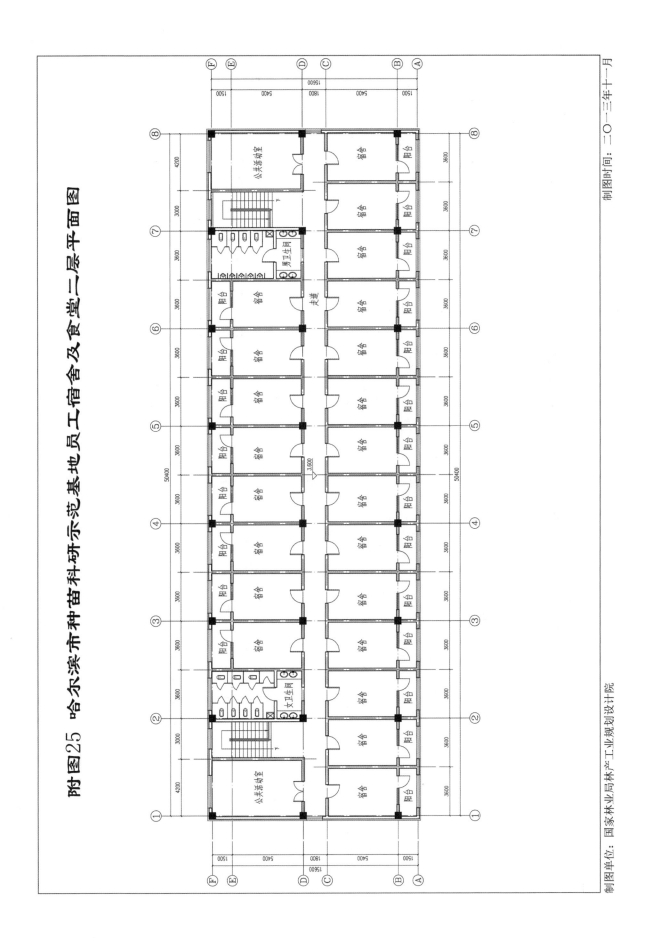

制图单位：国家林业局产业工业规划设计院

制图时间：二〇一三年十一月

附图26 哈尔滨市种苗科研示范基地员工宿舍及食堂立剖面图

①-⑧轴立面图

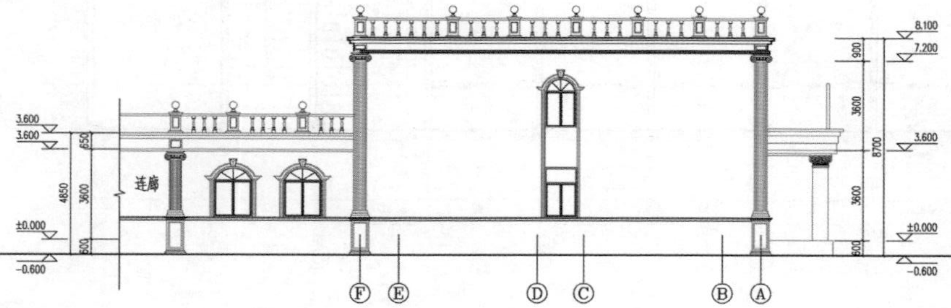

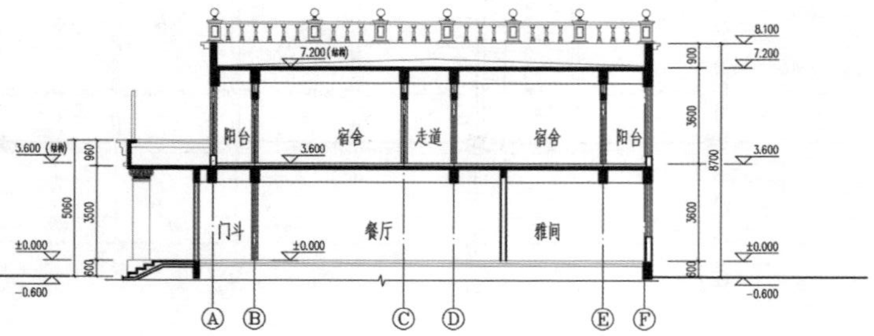

1-1剖面图

Ⓕ-Ⓐ轴立面图

制图单位：国家林业局林产工业规划设计院　　制图时间：二〇一三年十一月

附图27 哈尔滨市种苗科研示范基地温室1及基质车间一层平面图

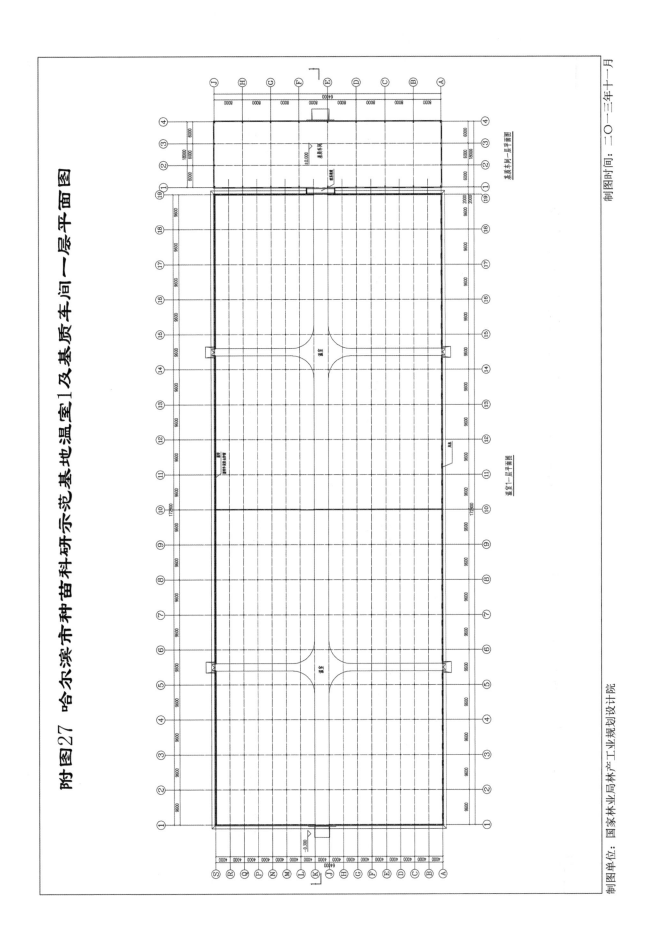

制图单位: 国家林业局林产工业规划设计院

制图时间: 二〇一三年十一月

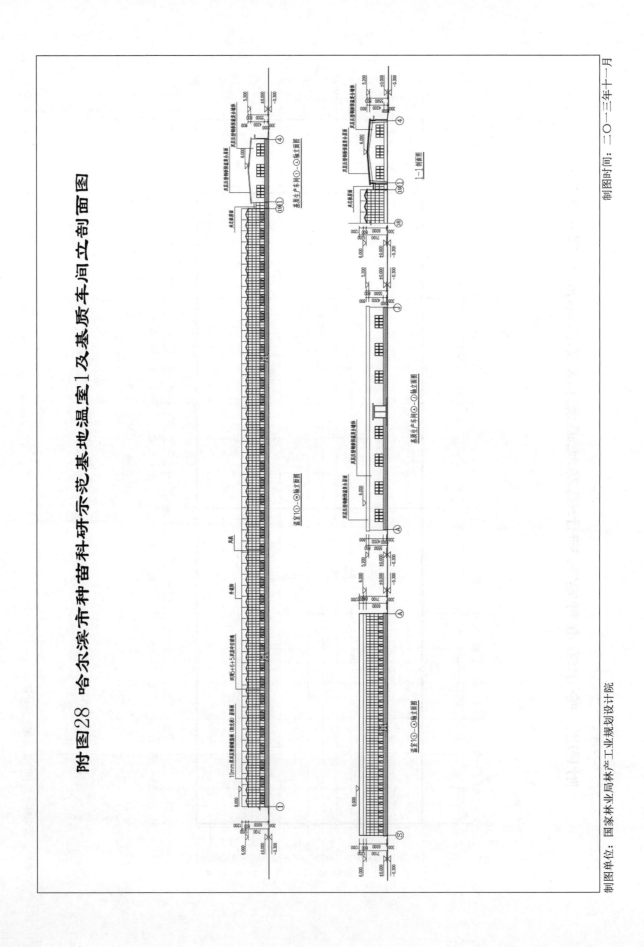

附图28 哈尔滨市种苗科研示范基地温室1及基质车间立剖面图

制图单位：国家林业局林产工业规划设计院　　　　　　　　制图时间：二〇一三年十一月

附图29 哈尔滨市种苗科研示范基地温室2及组培室一层平面图

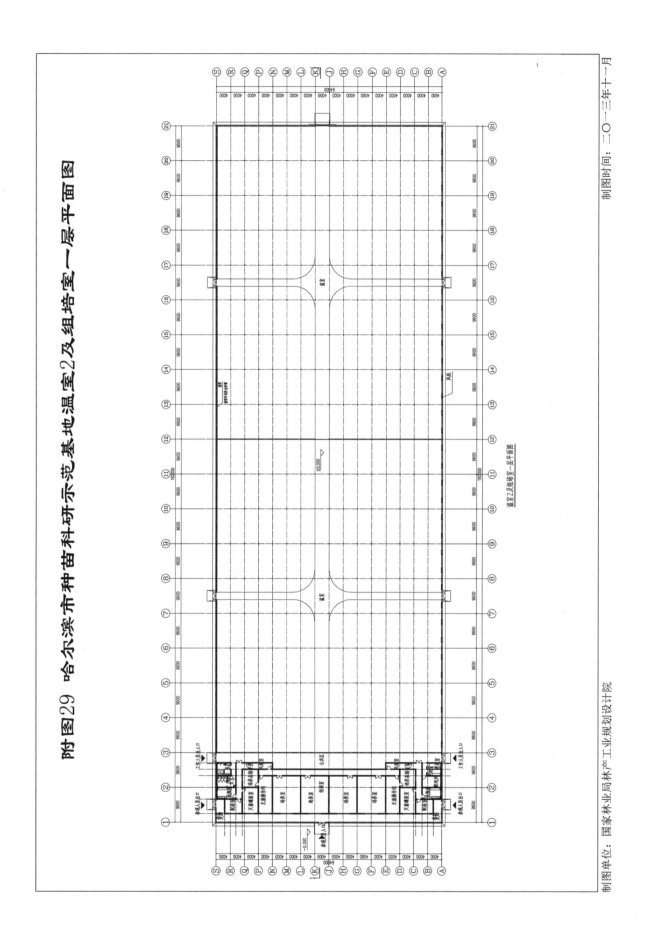

温室2及组培室一层平面图

制图单位：国家林业局林产工业规划设计院

制图时间：二〇一三年十一月

附图30 哈尔滨市种苗科研示范基地温室2及组培室立剖面图

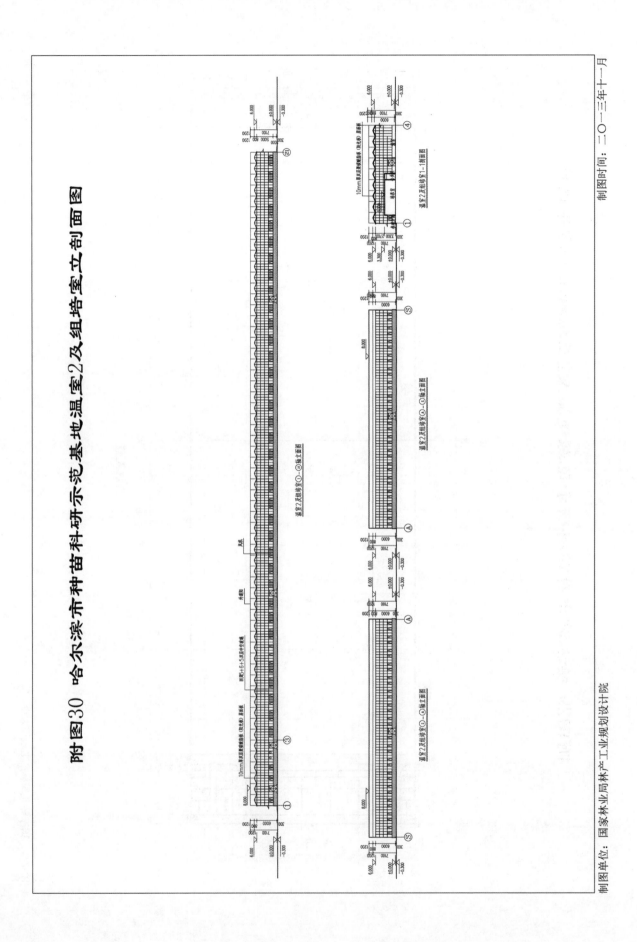

温室2及组培室①-①端立面图

温室2及组培室①-①端立面图

温室2及组培室①-①墙立面图

温室2及组培室①-①墙立面图

温室2及组培室1-1剖面图

制图单位: 国家林业局林产工业规划设计院

制图时间: 二〇一三年十一月